图解
顺序控制电路
入门篇 原书第4版

[日] 大浜 庄司 著

赵智敏 秦晓平 译

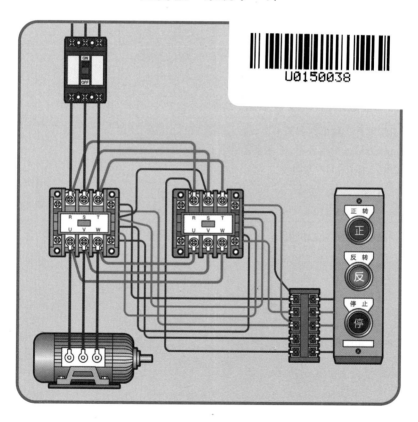

机械工业出版社
CHINA MACHINE PRESS

本书是一本为了通俗易懂地讲解顺序控制的基础，将实际控制设备的操作和动作的顺序用颜色表示，全页用图画进行说明的技术解剖书。具体内容包括用于顺序控制的专门用语、用于顺序控制的各种元件、什么是顺序控制、电气图形符号的画法、文字符号和控制元件序号的表示方法、顺序图的画法、顺序控制基本电路的读图方法、通过实例剖析顺序控制的动作原理、带有时间差的顺序控制、带有时间差顺序控制的实例和顺序控制应用实例等内容。

　　本书可帮助电工技术初学者、从业者快速提高电工技能，提升工作效率。本书也可作为职业院校相关专业师生的参考读物或企业员工的再教育培训教材。

　　絵とき シーケンス制御読本—入門編—（改訂4版），Ohmsha，4th edtion，大浜 庄司著，ISBN: 9784274506956.

Original Japanese Language edition
ETOKI SEQUENCE SEIGYO DOKUHON –NYUMON HEN– (KAITEI 4 HAN)
by Shoji Ohama
Copyright ©Shoji Ohama 2018
Published by Ohmsha, Ltd.
Chinese translation rights in simplified characters by arrangement with Ohmsha, Ltd.
through Japan UNI Agency, Inc., Tokyo.

　　本书由 Ohmsha 授权机械工业出版社在中国大陆地区（不包括香港、澳门特别行政区及台湾地区）出版与发行。未经许可之出口，视为违反著作权法，将受法律之制裁。

　　北京市版权局著作权合同登记　图字01-2021-1288 号。

图书在版编目（CIP）数据

图解顺序控制电路：原书第4版.入门篇 /（日）大浜 庄司著；赵智敏，秦晓平译. —北京：机械工业出版社，2022.7

ISBN 978-7-111-70924-4

Ⅰ.①图…　Ⅱ.①大…②赵…③秦…　Ⅲ.①控制电路–图解　Ⅳ.①TM710-64

中国版本图书馆CIP数据核字（2022）第096718号

机械工业出版社（北京市百万庄大街22号　邮政编码100037）
策划编辑：任　鑫　　　　　责任编辑：任　鑫　阎洪庆
责任校对：张晓蓉　王明欣　封面设计：马若濛
责任印制：任维东
北京圣夫亚美印刷有限公司印刷
2022年10月第1版第1次印刷
148mm×210mm·7.875印张·358千字
标准书号：ISBN 978-7-111-70924-4
定价：59.00元

电话服务　　　　　　　　　网络服务
客服电话：010-88361066　机　工　官　网：www.cmpbook.com
　　　　　010-88379833　机　工　官　博：weibo.com/cmp1952
　　　　　010-68326294　金　书　网：www.golden-book.com
封底无防伪标均为盗版　　　机工教育服务网：www.cmpedu.com

译者的话

随着我国经济的快速增长，制造业蓬勃发展，社会对于职业人才的需求与日俱增。教育改革也在适应这种需求，职业教育面临新的发展契机。本书正是面向培养"工匠精神"职业教育的一本很实用的参考书。

对于有志于从事电气自动化行业的初学者，本书无疑是一本图文并茂的入门书。

首先，从专门用语和常用元件讲起。然后，介绍了绘制电路图的基本要素——图形符号和文字符号。有了这些基础知识，就可以学习顺序图的画法和读图方法。

本书利用较大的篇幅介绍了几个实用的顺序控制应用实例，其中有电动机起动控制、自动扬水控制装置、光电入侵者警报装置、电动机正反转控制、电动机星－三角起动控制和电加热炉定时控制等常见电路。通过对这些应用实例每一步顺序的解读，由浅入深地讲述了逻辑控制、定时控制、条件控制的基本原理。应用实例中还穿插了自保电路、互锁电路和选择电路的应用要点。总之，一个零基础的读者，通过学习本书，很快就可以成为一名合格的电气行业的技术人员。另外，本书中多幅顺序动作分解图可以作为动画教学的素材。

良工锻炼凡几年，方能阵阵气冲天。

译者祝愿本书的读者，不断学习，不断进取，在顺序控制的广阔天地中，成为技术上的佼佼者。

译　者
2022 年 6 月

原书前言

　　本书以全新的构思，秉承"简明易懂"的基本理念将顺序控制的基础知识和控制电路的实际操作相结合，以图解的形式描述顺序控制的工作原理，并采用两种颜色标注动作顺序。可以说这是迄今未见过的以全新解说方式编写的图解版顺序控制入门图书。本书的内容和特点如下所述：

　　（1）为了便于理解，本书采用了简明易懂的插图方式来解说顺序控制的基本用语。

　　（2）本书使用实物的立体图形来表示构成顺序控制电路的元件的结构，简明易懂地说明元件的功能和动作原理。

　　（3）本书列出了在顺序图中使用的、由JIS C 0617（电气图形符号）规定的主要元件的电气图形符号及其画法。

　　（4）以按钮、电磁继电器为例，详细介绍了开闭触点中的"常开触点""常闭触点"和"切换触点"的动作原理。

　　（5）在顺序图中使用文字符号和控制元件序号来标记构成电路的元件的名称，并归纳成为一览表。

　　（6）以实际电路为例，按照动作的顺序详细介绍了顺序图的画法。

　　（7）以接近实际接线的实物接线图来表示顺序控制电路，使读者可以对电路的整体结构获得逼真的感性认识。

　　（8）将顺序控制的动作按照其顺序分解成一个一个的顺序图，并做成"幻灯片"形式演示讲解，便于读者系统地理解顺序控制的动作过程。

　　（9）用带有颜色的箭头指示顺序控制的动作电路，同时使用动作序号来表示动作的顺序，使读者对"哪个电路进行怎样的动作"一目了然。

　　作者希望本书能够满足初学顺序控制的读者的需要，也可以作为企业培训员工的教材。

OS 综合技术研究所所长　大浜　庄司

2018 年 7 月

目 录

第 **1** 章

用于顺序控制的专门用语

嗨！现在我们一起来学习顺序控制系统的知识吧！

❖ **首先，说一说什么是"控制"。**
- 所谓**控制**是指为了某种目的，用一些操作或动作使被控制对象在数量上出现增减或者状态发生变化。有时是使被控制对象保持数量不变，或者状态一定。
- 除了顺序控制之外，还有自动控制、反馈控制、远程控制、计算机控制、数值控制等控制方式。

❖ **自动控制**是利用控制装置自动实施控制的一种控制方式。

❖ **反馈控制**是利用检测得到的控制量反馈值与目标值相比较，实施动作使这两个量达到一致的控制方式。

❖ **远程控制**是利用特殊的装置实现远距离信号收发或实现远距离操作的控制方式。

❖ **计算机控制**是在控制装置中使用了计算机，利用计算机的高性能进行控制的控制方式。

❖ **数值控制**是将工件相对于工具的位置转换成为数值信息，并以相应的数值信息形成指令的一种控制方式，也称为"NC（Numberical Control）"。

本章关键点

现在，我们从顺序控制的专门用语开始学习吧！
1. 在阅读本书时，一定要记住顺序控制功能方面的专门用语。
2. 对于顺序控制所使用的元器件方面的专门用语，例如开关、检测开关、继电器、操作装置等，本书做了浅显易懂的解释，以利于读者理解。

1-1 控制功能方面的专门用语

1 动作、复位方面的专门用语

❖ 在顺序控制中用到了很多专门用语，最先用到的是控制功能方面的专门用语。所以先来介绍功能方面的专门用语。

动作 ● Actuation ●

❖动作：由于某种原因所引发的预期行为或作用。

=按钮的动作=

按下

复位 ● Reset ●

❖复位：使系统或装置回归到动作前状态的行为。

=按钮的复位=

放开

开路（分） ● Open（off）●

❖开路：使用开关或继电器等器件把电路的一部分断开的动作。

=用刀开关实现开路=

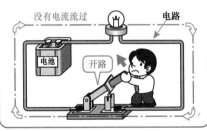

没有电流流过　电路

电池　开路

闭路（合） ● Close（on）●

❖闭路：使用开关或继电器等器件把电路的一部分接通的动作。

=用刀开关实现闭路=

有电流流过　电路

电池　闭路

励磁

❖励磁：例如，使电磁继电器的线圈中流过电流建立磁场的过程。

=电磁继电器的励磁=

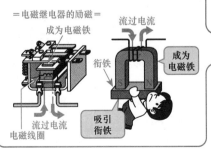

成为电磁铁　流过电流

衔铁　成为电磁铁

流过电流　吸引衔铁

电磁线圈

消磁

❖消磁：例如，切断电磁继电器线圈中的电流，使磁场消失的过程。

=电磁继电器的消磁=

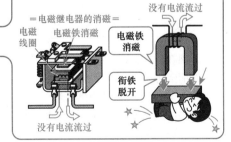

没有电流流过

电磁线圈　电磁铁消磁　电磁铁消磁

衔铁脱开

没有电流流过

起动 ● Start ●

❖ 起动：使机器或装置从停止状态转变到运转状态的动作过程。

开关合闸

＝电动机的起动＝

运转 ● Run ●

❖ 运转：机器或装置执行预定功能的工作状态，有时也称为运行。

＝电动机的运转＝

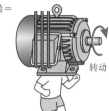

转动

制动 ● Braking ●

❖ 制动：把机器运动的能量变换成电能或机械能，使机器减速或停止的动作过程，也用于阻止运动状态发生变化。

＝电动机的制动＝

转动

减速
停止

停止 ● Stop ●

❖ 停止：把机器或装置从运转状态转变成静止状态的动作。

＝电动机的停止＝

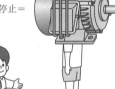

点动 ● Inching ●

❖ 点动：为了使机械做出少许运动，在很短的时间内，实施1次或重复多次的操作。有时也称为微动或寸动。

开关　合闸
　　　分闸

转动

停止

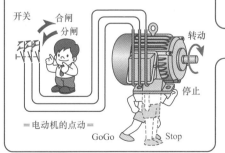

＝电动机的点动＝
GoGo　　　Stop

微速 ● Crawling Speed ●

❖ 微速：使机械以极低的速度运动。有时也称为爬行。

＝电动机的微速＝

缓慢转动

合闸 ● Closing ●

❖合闸：对开关类元器件的一种操作。该操作使电路接通，电流流过。也称为"投入"。例如，断路器合闸或断路器投入。

=断路器的合闸=

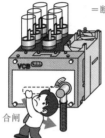

真空断路器

合闸

分闸 ● Breaking ●

❖分闸：对开关类元器件的一种操作。该操作使电路开路，电流不能流过，也称为"分断"。例如，断路器分闸或断路器分断。

=断路器的分闸=

真空断路器

分闸

操作 ● Operation ●

❖操作：运用人力或者其他方法，使机器实现预定运动的行为。
❖直接手动操作：使用人力直接对机器实施的操作，简称手动操作。

=拨动式开关的操作=

扳把

拨动式开关

动力操作 ● Power Operation ●

❖动力操作：使用电气、弹簧、空气等人力之外的动力对机器实施的操作。

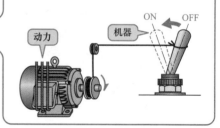

动力

机器

ON   OFF

脱扣 ● Tripping ●

❖脱扣：释放保持功能，使开关类元器件开路的一种机构。

=断路器的脱扣=

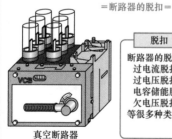

真空断路器

脱扣

断路器的脱扣有过电流脱扣、过电压脱扣、电容储能脱扣、欠电压脱扣等很多种类。

自由脱扣 ● Trip-free ●

❖自由脱扣：对于断路器之类的元器件，在合闸操作时，如果给出脱扣指令，断路器能够可靠地分断，而且，即使持续地给出合闸指令，也能阻止合闸的动作。这种机制也称为"脱扣优先"。

脱扣指令的优先级高于合闸指令！

保护　　　　　　　　　● Protect ●

❖保护：当被控制对象检测出异常状态时，为了防止机器损伤，减轻受害程度，阻止事故扩大的措施称为保护。

警报　　　　　　　　　● Alarm ●

❖警报：当运行中的机器的某个指标达到预定值时，发出提醒人们注意的信号。

Ri Ri Ri Ri
烟
Moku Moku
电铃
＝烧坏电动机＝

互锁　　　　　　　　● Interlocking ●

❖互锁：在多个动作相互关联的情况下，如果某个条件不成立，相关联的动作就会被阻止，这种措施叫作互锁。

＝隔离开关的机械互锁＝
（闭路）　连杆　　　（开路）连杆
安全钩
动触刀　　　　　动触刀

闭合时自动挂上安全钩

开路时，连杆的突起部分插入动触刀的安全孔，以保证动触刀不能闭合

（安全钩挂上的状态）

（安全钩解除的状态）

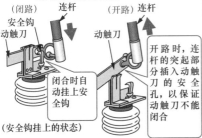

联动　　　　　　　● Cooperation ●

❖联动：在多个动作相关联的情况下，当某个条件具备时，就会执行与之关联的动作。

＝隔离开关和断路器的联动＝
（闭路）　　　　　　　　（开路）
隔离开关　　　　　　隔离开关
连杆　　断路器　　　　断路器
闭　　　　　　　　开

隔离开关只有在断路器处于"开路"状态，才能做"分断"操作。

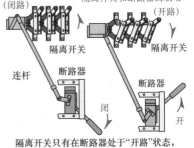

调整　　　　　　　● Adjustment ●

❖调整：使数量或状态跟随基准值变化，或者保持不变的控制行为。

变换　　　　　　　● Converting ●

❖变换：是指改变信息或能量形态的控制行为。

交流电　电力变换　直流电

50Hz　频率变换　60Hz

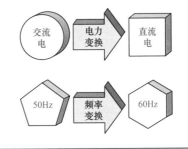

复位

继电器功能方面的专门用语

=用 语=　　　　　　　　　　　=说 明=

继电器的响应过程

起 动
朝着使继电器动作的方向改变输入值，使继电器的可动部分开始运动，继电器由原来的功能变为新的功能。这种行为叫作起动。

起动值
为了使继电器起动，输入值必须达到的界限值。

起动时间
朝着使继电器动作的方向改变输入值，从输入值超过起动值的那一瞬间到继电器开始动作，这段时间叫作起动时间。

动 作
继电器完成预先规定的任务，这种行为叫作继电器的动作。

动作值
为了使继电器动作，输入值必须达到的界限值。

动作时间
朝着使继电器动作的方向改变输入值，从输入值超过动作值的那一瞬间到继电器动作完成，这段时间叫作动作时间。

保 持
当继电器的可动部分动作之后，可以继续维持这个动作的功能叫作保持。

保持值
为了使继电器实现保持功能，输入值必须达到的界限值。

释 放
继电器的可动部分开始从动作状态变为复位状态，并且在动作时继电器的功能发生变化，这种功能叫作释放。

释放值
为了使继电器实现释放功能，输入值必须达到的界限值。

释放时间
朝着使继电器复位的方向改变输入值，从输入值超过释放值的那一瞬间到继电器完成释放，这段时间叫作释放时间。

复 位
使继电器返回到原位置的功能叫作复位。

复位值
为了使继电器复位，输入值必须达到的界限值。

复位时间
朝着使继电器复位的方向改变输入值，从输入值超过复位值的那一瞬间到继电器完成复位，这段时间叫作复位时间。

释放

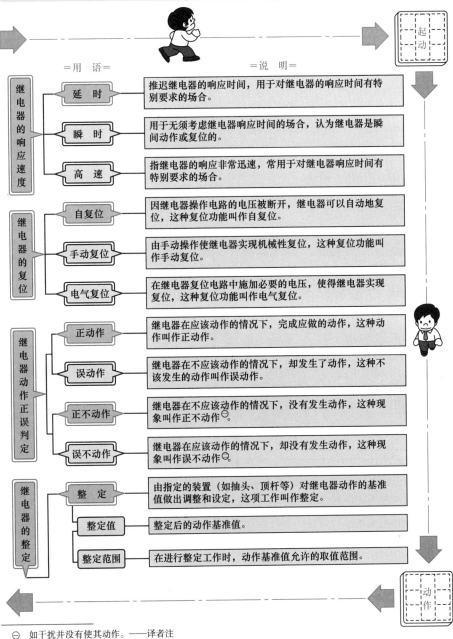

=用 语=　　　　　　　　　　　　=说　明=

继电器的响应速度

延　时：推迟继电器的响应时间，用于对继电器的响应时间有特别要求的场合。

瞬　时：用于无须考虑继电器响应时间的场合，认为继电器是瞬间动作或复位的。

高　速：指继电器的响应非常迅速，常用于对继电器响应时间有特别要求的场合。

继电器的复位

自复位：因继电器操作电路的电压被断开，继电器可以自动地复位，这种复位功能叫作自复位。

手动复位：由手动操作使继电器实现机械性复位，这种复位功能叫作手动复位。

电气复位：在继电器复位电路中施加必要的电压，使得继电器实现复位，这种复位功能叫作电气复位。

继电器动作正误判定

正动作：继电器在应该动作的情况下，完成应做的动作，这种动作叫作正动作。

误动作：继电器在不应该动作的情况下，却发生了动作，这种不该发生的动作叫作误动作。

正不动作：继电器在不应该动作的情况下，没有发生动作，这种现象叫作正不动作⊖。

误不动作：继电器在应该动作的情况下，却没有发生动作，这种现象叫作误不动作⊜。

继电器的整定

整　定：由指定的装置（如抽头、顶杆等）对继电器动作的基准值做出调整和设定，这项工作叫作整定。

整定值：整定后的动作基准值。

整定范围：在进行整定工作时，动作基准值允许的取值范围。

⊖　如干扰并没有使其动作。——译者注
⊜　如因为干扰使其没有实现应有的动作。——译者注

1-2 元件方面的专门用语

1 开关（开闭器）的专门用语

控制开关

● Control Switch ●

❖控制开关：在控制电路或操作电路中用于控制、互锁、显示等功能的开关的总称。

控制用操作开关

● Manual Control Switch ●

❖控制用操作开关：用于对电气设备进行操作的控制开关。

开关（开闭器）

● Switch ●

❖开关：对电路实施开闭控制或者用于改变接线方式的一种元器件。

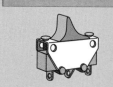

主控开关

● Master Switch ●

❖主控开关：对于开闭器、继电器以及其他远程操作的器件实施主要操作的一种控制用操作开关。

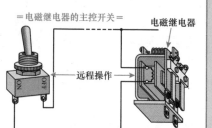

=电磁继电器的主控开关=

电磁继电器

远程操作

紧急开关

● Emergency Switch ●

❖紧急开关：在紧急情况下，用于使机械或装置实现紧急停止的一种控制用操作开关。

=紧急停止按钮=

烟

切换开关

● Change-over Switch ●

❖切换开关：对 2 个以上的电路实施电路切换的控制开关。

=电动机的切换开关=

运转

起动

停止

START RUN OFF

② 检测开关方面的专门用语

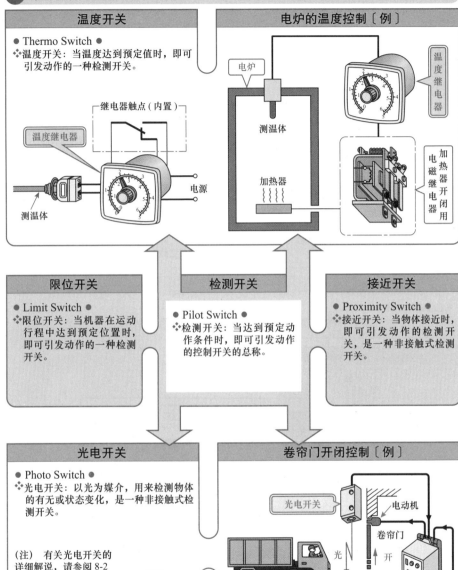

温度开关

- Thermo Switch ●
- ❖温度开关：当温度达到预定值时，即可引发动作的一种检测开关。

继电器触点（内置）

温度继电器

电源

测温体

电炉的温度控制〔例〕

电炉

测温体

加热器

温度继电器

加热器开闭用电磁继电器

限位开关

- Limit Switch ●
- ❖限位开关：当机器在运动行程中达到预定位置时，即可引发动作的一种检测开关。

检测开关

- Pilot Switch ●
- ❖检测开关：当达到预定动作条件时，即可引发动作的控制开关的总称。

接近开关

- Proximity Switch ●
- ❖接近开关：当物体接近时，即可引发动作的检测开关，是一种非接触式检测开关。

光电开关

- Photo Switch ●
- ❖光电开关：以光为媒介，用来检测物体的有无或状态变化，是一种非接触式检测开关。

（注）有关光电开关的详细解说，请参阅 8-2 节②(126 页)。

卷帘门开闭控制〔例〕

光电开关

电动机

卷帘门

光

开

停车场

流量开关

- Flow Switch ●
- ❖流量开关: 用来检测有无流体(气体或液体)流过，或者当流量达到预定值时，即可引发动作的一种检测开关。

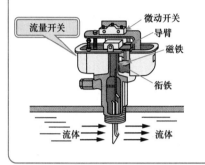

流量开关　微动开关　导臂　磁铁　衔铁
流体　流体

压力开关

- Pressure Switch ●
- ❖压力开关: 当气体或液体的压力达到预定值时，即可引发动作的一种检测开关。

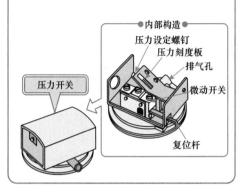

●内部构造●
压力设定螺钉　压力刻度板　排气孔　微动开关　复位杆
压力开关

液位（料位）开关

- Level Switch ●
- ❖液位(料位)开关: 用于检测对象物质(液体或物料)预定位置的一种检测开关。

用液位开关进行供水控制〔例〕

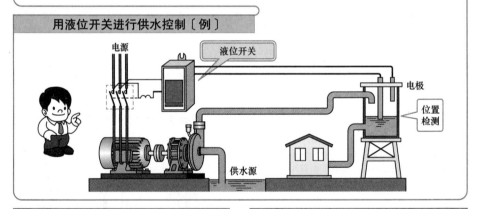

电源　液位开关　电极　位置检测　供水源

浮子式液位开关

- Float Switch ●
- ❖浮子式液位开关: 利用设置在液体表面的浮子检测液位，当液位达到预定位置时，即可引发动作的一种检测开关。

速度开关

- Speed Switch ●
- ❖速度开关: 当机器的速度达到预定值时，即可引发动作的一种检测开关。

控制继电器

● Control Relay ●
❖控制继电器：在控制电路或操作电路的控制、互锁、显示等电路中使用的继电器。

控制用电磁继电器

● Electromagnetic Control Relay ●
❖控制用电磁继电器：用于控制的电磁继电器。
（注）电磁继电器：利用电磁力实现触点开闭功能的继电器。

继电器

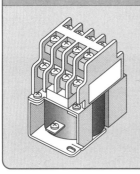

● Relay ●
❖继电器：可对预先规定的电气量或者其他物理量做出响应，并具有控制电路的功能，这种器件叫作继电器。

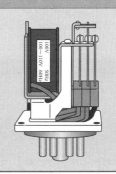

保护继电器

● Protective Relay ●
❖保护继电器：用来检测电路中的故障或其他异常状态，并对这些故障或异常状态发出警报，或者将电路的正常部分与异常部分相分离。具有这样功能的继电器叫作保护继电器。

辅助继电器

● Auxiliary Relay ●
❖辅助继电器：作为保护继电器和控制继电器的辅助功能的继电器。其作用是增加触点数量、扩大触点容量，或者增加延时等附加功能。

电动机 ● Motor ●

感应电动机〔例〕

❖ 电动机：利用电力产生机械动力的旋转机械。
● 直流电动机（DC Motor）：
  使用直流电力产生机械动力的电动机。
● 感应电动机（Induction Motor）：
  使用交流电力产生机械动力，通常以某个转差率转速旋转
  的交流电动机。

断路器 ● Circuit Breaker ●

真空断路器〔例〕

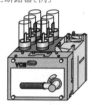

❖ 断路器：可以在正常状态开闭电路，在异常状态时，特别
  是在短路状态时，也可以开闭电路的一种元件。
● 塑壳断路器（Molded Case Circuit-Breaker）：
  将开闭机构、脱扣装置等元件都安装在绝缘的壳体内，构成
  一体化、可在空气中开闭的断路器。多用于配电电路。
● 真空断路器（Vacuum Circuit-Breaker）：
  开闭电路的动作是在真空器件中完成的一种断路器。

电磁阀 ● Solenoid Valve ●

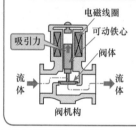

电磁线圈
可动铁心
吸引力
阀体
流体
流体
阀机构

❖ 电磁阀：由电磁铁和阀机构组合而成的一种阀门。电磁铁
  驱动阀体动作，为流体提供可以开闭的通路。
● 电磁阀中的电磁线圈在通电时起到励磁作用，由此产生的
  吸引力驱动可动铁心动作，并带动相连的阀机构，实现流
  体通路的开闭或者切换流体流动的方向。
● 电磁阀多用于液压操作、气动操作的顺序控制系统中。

电磁离合器 ● Electromagnetic Clutch ●

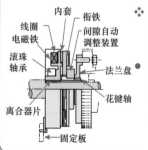

内套 衔铁
线圈 间隙自动
电磁铁 调整装置
滚珠
轴承 法兰盘
离合器片 花键轴
固定板

❖ 电磁离合器：利用电磁力操作的一种机械离合器。输入信
  号控制电磁力的大小，使主动轴和从动轴之间传递的力矩
  按比例变化。
● 向电磁离合器的电磁线圈中通入直流电，在电磁铁、离合
  器片和衔铁构成的闭合磁路中形成磁通，吸引衔铁动作，
  于是衔铁和离合器片的内套之间产生摩擦力。借助摩擦
  力，主动轴和从动轴之间可以传递力矩。

第2章

用于顺序控制的各种元件

控制指令用元件

= 主要的元件 =
- 按钮
- 凸轮开关
- 翻转开关
- 拨动开关
- 脚踏开关
- 微动开关

顺序控制用元件

= 主要的元件 =
- 电磁继电器
  簧片式继电器
  柱塞式继电器
  水平式继电器
- 定时器
  电动机式定时器
  电子式定时器
  空气式定时器
  油阻尼式定时器
- 小型继电器
- 弹簧继电器
- 微动开关继电器
- 干簧继电器
- 水银继电器
- 无触点继电器

控制操作用元件

= 主要的元件 =
- 接触器
- 电磁开闭器
- 电磁阀
- 断路器
- 电磁离合器
- 电动机

显示、报警用元件

= 主要的元件 =
- 指示灯
- 蜂鸣器
- 电铃
- 电流表、电压表

检测用元件

= 主要的元件 =
- 限位开关
- 接近开关
- 光电开关
- 浮子开关
- 压力开关

❖ 顺序控制系统使用了多种多样的控制元件，但是根据用途来划分，基本可以分成上述几种类别。

本章关键点

1. 熟练掌握控制元件的构造、动作原理，这是理解顺序控制的基本功。
2. 本章详细介绍了以开关类、继电器类为代表的控制元件的构造和动作原理，这些知识可以作为识读顺序图、进行实际应用的参考资料。

2-1 操作开关和检测开关

1 按钮和凸轮开关

按钮

❖ **按钮**：通过对按钮的操作实现触点通断控制的一种操作开关。

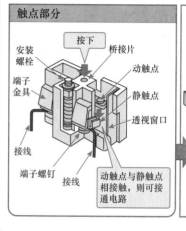

触点部分

安装螺栓
按下
桥接片
动触点
端子金具
静触点
透视窗口
接线
端子螺钉
接线
动触点与静触点相接触，则可接通电路

平面按钮（例）

ON
ON

（常开触点的情况）

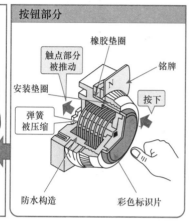

按钮部分

橡胶垫圈
触点部分被推动
铭牌
安装垫圈
按下
弹簧被压缩
防水构造
彩色标识片

凸轮开关

❖ **凸轮开关**：通过凸轮结构实现触点开路或闭路的控制开关。

❖ 通过转动操作手柄带动凸轮转动，实现触点开闭。

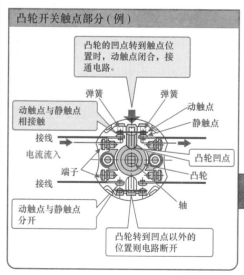

凸轮开关触点部分（例）

凸轮的凹点转到触点位置时，动触点闭合，接通电路。

弹簧
弹簧
动触点与静触点相接触
动触点
静触点
接线
电流流入
凸轮凹点
端子
凸轮
接线
轴
动触点与静触点分开
凸轮转到凹点以外的位置则电路断开

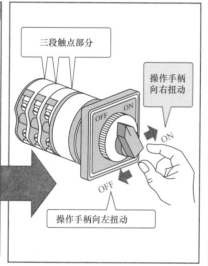

三段触点部分
操作手柄向右扭动
OFF ON
ON
OFF
操作手柄向左扭动

2 钮子开关和船形开关

钮子开关

❖ **钮子开关**是用手指拨动的开关。拨动开关的拨杆，将直线运动传递到触点机构，实现电路开闭操作。常用于"手动／自动"之类的电路切换操作。

端子①－②ON ③－②OFF

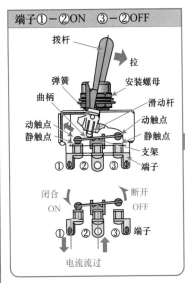

拨杆
拉
弹簧
安装螺母
曲柄
滑动杆
动触点
动触点
静触点
静触点
支架
①　②　③　端子

闭合
ON
断开
OFF
①　②　③　端子

电流流过

外观图〔例〕

前
后
ON　OFF　ON
ST52D
25A-AC125V

＝操作＝

将拨杆前后推拉时，拨杆以安装螺母为轴动作，滑动杆以簧片中点为轴动作，实现触点切换。

端子①－②OFF ③－②ON

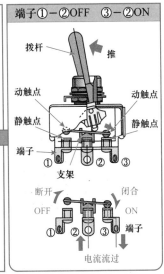

拨杆
推
动触点
动触点
静触点
静触点
端子
支架
①　②　③

断开
OFF
闭合
ON
①　②　③　端子

电流流过

船形开关（翻转开关）

❖ **船形开关**是具有翻转型操作部分（快速动作）的开关。

接线①－③ON ①－②OFF

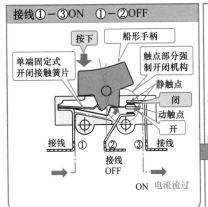

按下
船形手柄
单端固定式开闭接触簧片
触点部分强制开闭机构
静触点
闭
动触点
开
接线　①　②　③　接线
接线
OFF
ON　电流流过

外观图〔例〕

10A 250V

（单极双投）
船形开关
〔例〕

接线①－③OFF ①－②ON

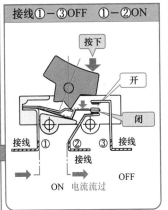

按下
开
闭
接线　①　②　③　接线
接线
ON　电流流过
OFF

脚踏开关

❖ **脚踏开关**是用脚来控制机械装置的运行／停止，即用脚对电路实行接通或断开操作的一种开关。在操作这种开关时，可以腾出双手做其他工作，非常方便。

操作方法	外观图〔例〕	内部构造图
脚踏开关内部装有微动开关，当脚踏下可动本体时，踏板下面的导板压向微动开关的可动按钮，使开关动作。		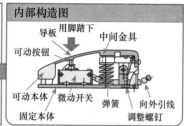

操作方法	踏板式外观图〔例〕	内部构造图
当脚踏下踏板时，以轴销为轴动作板向上抬起，压向微动开关的可动按钮，使开关动作。	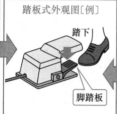	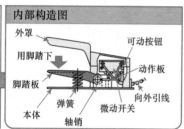

限位开关

❖ 限位开关是用于检测机器机械运动行程中，当到达预定位置时，发出检测动作的开关。
❖ 触点的开闭并不是因为电气原因动作，而是因为机械碰撞的原因动作。

摆臂的动作	外观图〔例〕	触点部分
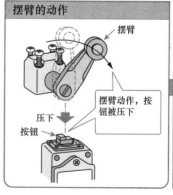	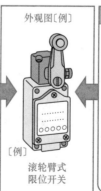 〔例〕 滚轮臂式 限位开关	

永磁式接近开关

❖ **接近开关**：以非接触的方式检测接近物体的一种开关，根据动作原理可分为永磁式、感应桥式等种类。永磁式接近开关是由干簧开关和永久磁铁构成的。

分离型 ● 永磁式接近开关 ●

❖ 分离型永磁接近开关是由封装的干簧开关构成的触点部分和装有永久磁铁的磁铁部分所组成。其主要特征是可以根据用途、使用条件等要素实现多种安装形式。

❖ 使用时先将触点部分固定在需要的位置，再将磁铁部分与被测物体安装在一起。当被测物体向触点部分移动，磁铁的中心线与限位开关（触点部分）的中心线重合时，形成闭合磁路，干簧开关的触点闭合。反之，当磁铁部分远离时，原来的闭合磁路消失，干簧开关的触点分开。由此实现非接触检测被测物体的有无。

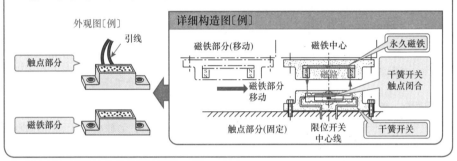

沟槽型 ● 永磁式接近开关 ●

❖ 沟槽型永磁式接近开关是将干簧开关和永久磁铁分别安装在沟槽的两侧，然后用模具做树脂封装，形成沟槽形状。

❖ 当被检测物体（导磁金属）进入沟槽时，被测物体与永久磁铁形成磁路，干簧开关的磁路被屏蔽，因而触点由闭合状态反转到分开状态；当被测物体移出沟槽时，永久磁铁和干簧开关重新形成磁路，触点回到闭合导通状态。

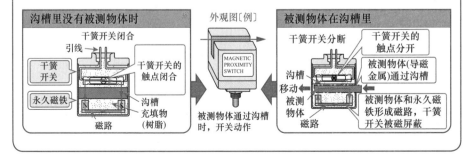

5 微动开关及应用元件

微动开关

❖ **微动开关**由具有微小间隙的触点机构和速动机构所组成。触点机构封装在壳体内，并以规定的力和规定的动作实现触点的开闭。壳体的外部安装有操作机构。

操作方法	外观图〔例〕	内部构造图
压下微动开关的柱销按钮，可动簧片受到力的作用瞬间反转，动触点从上侧的静触点切换到下侧的静触点。	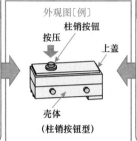	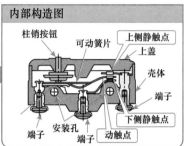

触点机构	速动机构
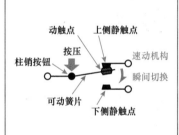	❖ 向柱销按钮施加压力时，柱销按钮向下移动，可动簧片被压弯。当柱销按钮被下压到某个位置时，动触点从上侧静触点的位置瞬间反转，迅速切换到与下侧静触点相接触的位置。 ❖ 反之，减小施加在柱销按钮上的力，当柱销按钮返回到一定距离时，动触点从与下侧静触点相接触的位置瞬间反转，迅速切换到与上侧静触点相接触的位置。 ❖ 把这种可以使动触点瞬间完成反转动作的机构称为速动机构。

微动开关操作机构的种类

种类	形状	说明	种类	形状	说明
弹簧圈按钮型		在柱销按钮上装有防止过行程的机构	杠杆簧片型		作用于柱销的驱动机构是杠杆型簧片
弹性片型		压向柱销的驱动部分是具有弹性的金属片	带有滚轮的杠杆簧片型		杠杆簧片的端部装有滚轮
带有滚轮的弹性片型		在弹性金属片的端部装有滚轮	滚轮柱销型		柱销的顶部安装了滚轮

使用微动开关的按钮

❖ 这是将微动开关和手动操作机构组合在一起构成的按钮。因为采用的是微动开关，所以动作速度与手动操作速度无关，而且动作稳定，开闭电流容量大。

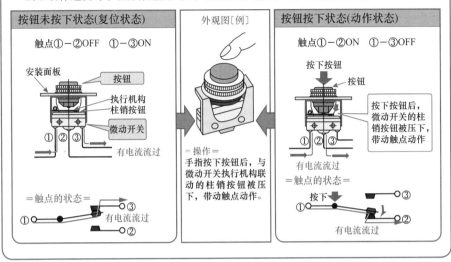

按钮未按下状态(复位状态)

触点①−②OFF　①−③ON

安装面板
按钮
执行机构
柱销按钮
微动开关
①　②　③
有电流流过

＝触点的状态＝
①　②　③
有电流流过

外观图〔例〕

＝操作＝
手指按下按钮后，与微动开关执行机构联动的柱销按钮被压下，带动触点动作。

按钮按下状态(动作状态)

触点①−②ON　①−③OFF

按下按钮
按钮
按下按钮后，微动开关的柱销按钮被压下，带动触点动作

①　②　③
有电流流过
＝触点的状态＝
按下
①　②　③
有电流流过

使用微动开关的电磁继电器

❖ 这种继电器的特点是采用微动开关取代簧片式继电器的触点部分，利用其中的速动机构可以快速切换触点状态，而且动作稳定。

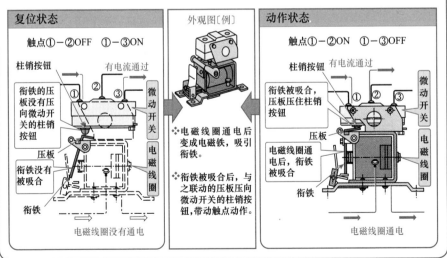

复位状态

触点①−②OFF　①−③ON

柱销按钮
有电流通过
②　①　③
衔铁的压板没有压向微动开关的柱销按钮
微动开关
电磁线圈
压板
衔铁没有被吸合
衔铁
电磁线圈没有通电

❖电磁线圈通电后变成电磁铁，吸引衔铁。

❖衔铁被吸合后，与之联动的压板压向微动开关的柱销按钮，带动触点动作。

外观图〔例〕

动作状态

触点①−②ON　①−③OFF

柱销按钮
有电流通过
①　②　③
衔铁被吸合，压板压住柱销按钮
微动开关
压板
电磁线圈通电后，衔铁被吸合
电磁线圈
衔铁
电磁线圈通电

2-2 控制继电器和定时器

❶ 电磁继电器（簧片式和柱塞式）

❖ **控制继电器**：用于控制电路和操作电路的继电器的总称。

❖ **电磁继电器**：电磁线圈通电后成为电磁铁，吸引衔铁运动，带动相连的触点做出
开闭动作。

❖ 对于电磁继电器的构造和动作原理，在 4-4 节（48 页）有详细说明。

簧片式电磁继电器

❖ **簧片式电磁继电器**：给继电器线圈通电（励磁）或断电（消磁），使衔铁以某一点为
支点做圆弧运动，带动相连的触点做出通 / 断的动作。

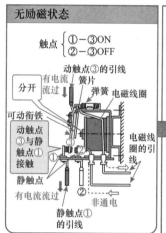

无励磁状态

触点 { ①－③ON
      ②－③OFF }

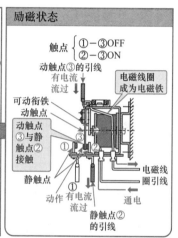

簧片式电磁继电器
（触点直接驱动型）

〔例〕

❖触点直接驱动型是
指电磁铁吸引衔铁
动作，直接带动触
点做出 ON/OFF 动
作的继电器。

励磁状态

触点 { ①－③OFF
      ②－③ON }

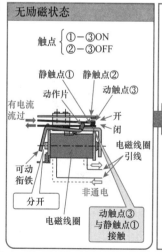

无励磁状态

触点 { ①－③ON
      ②－③OFF }

簧片式电磁继电器
（触点间接驱动型）
● 水平型继电器 ●
〔例〕

❖触点间接驱动型是指
可动衔铁与触点部分
不直接相连，而是存
在着少量的间隙，衔
铁的动作间接地传递
给触点。

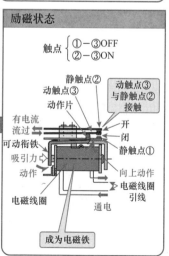

励磁状态

触点 { ①－③OFF
      ②－③ON }

可动铁心型电磁继电器

❖ **可动铁心型电磁继电器**是利用电磁线圈的通电励磁或断电消磁，驱动可动铁心柱在电磁线圈内部做直线运动，并带动与铁心柱相连接的触点执行开闭动作的一种继电器。

❖ 可动铁心型电磁继电器具有优良的电流分断能力、触点容量大等特点，所以被广泛用于**电力用辅助继电器、接触器、电磁开闭器**等场合。详细说明请参阅 4-5 节（56 页）。

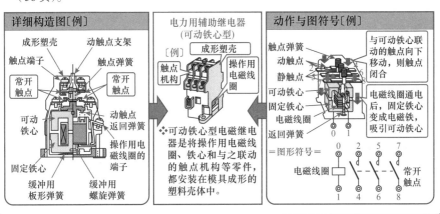

详细构造图〔例〕

成形塑壳　动触点支架
触点端子　触点弹簧
常开触点　常开触点
可动铁心　动触点返回弹簧
操作用电磁线圈的端子
固定铁心
缓冲用板形弹簧　缓冲用螺旋弹簧

电力用辅助继电器
(可动铁心型)
〔例〕　成形塑壳
触点机构　操作用电磁线圈

❖可动铁心型电磁继电器是将操作用电磁线圈、铁心和与之联动的触点机构等零件，都安装在模具成形的塑料壳体中。

动作与图符号〔例〕

触点弹簧　与可动铁心联动的触点向下移动，则触点闭合
动触点
静触点
可动铁心　电磁线圈通电后，固定铁心变成电磁铁，吸引可动铁心
固定铁心
电磁线圈
返回弹簧

＝图形符号＝
电磁线圈　常开触点

接触器的详细构造图〔例〕

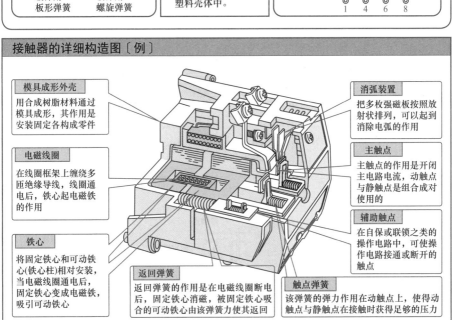

模具成形外壳
用合成树脂材料通过模具成形，其作用是安装固定各构成零件

电磁线圈
在线圈框架上缠绕多匝绝缘导线，线圈通电后，铁心起电磁铁的作用

铁心
将固定铁心和可动铁心(铁心柱)相对安装，当电磁线圈通电后，固定铁心变成电磁铁，吸引可动铁心

返回弹簧
返回弹簧的作用是在电磁线圈断电后，固定铁心消磁，被固定铁心吸合的可动铁心由该弹簧力使其返回

消弧装置
把多枚强磁板按照放射状排列，可以起到消除电弧的作用

主触点
主触点的作用是开闭主电路电流，动触点与静触点是组合成对使用的

辅助触点
在自保或联锁之类的操作电路中，可使操作电路接通或断开的触点

触点弹簧
该弹簧的弹力作用在动触点上，使得动触点与静触点在接触时获得足够的压力

自保持型继电器

❖ **自保持型继电器**又叫作自锁式继电器。这种继电器具有自保持功能，一旦动作线圈通电，触点动作后，即使动作线圈断电，触点依然保持原动作状态。若要使触点复位，必须给复位线圈通电，触点才能复位。

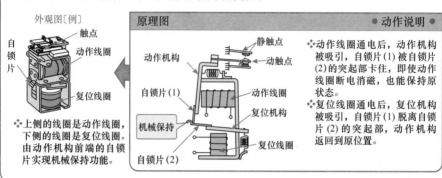

外观图〔例〕

❖ 上侧的线圈是动作线圈，下侧的线圈是复位线圈。由动作机构前端的自锁片实现机械保持功能。

原理图 ●动作说明●

❖ 动作线圈通电后，动作机构被吸引，自锁片(1)被自锁片(2)的突起部卡住，即使动作线圈断电消磁，也能保持原状态。

❖ 复位线圈通电后，复位机构被吸引，自锁片(1)脱离自锁片(2)的突起部，动作机构返回到原位置。

导电弹簧片型继电器

❖ 导电弹簧片型继电器是将合金丝（铜锌镍合金）并列起来，经模具成形后制成触点弹簧片，将此弹簧片与电磁线圈和铁心构成的磁路组合而成的一种继电器。

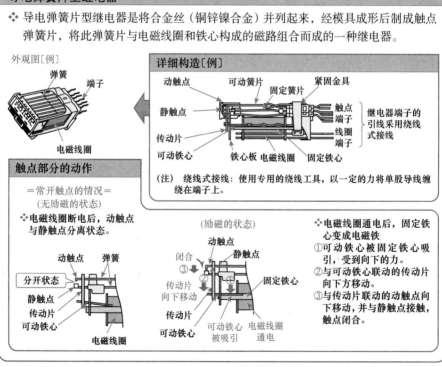

外观图〔例〕

详细构造〔例〕

继电器端子的引线采用绕线式接线

（注） 绕线式接线：使用专用的绕线工具，以一定的力将单股导线缠绕在端子上。

触点部分的动作

＝常开触点的情况＝
（无励磁的状态）

❖ 电磁线圈断电后，动触点与静触点分离状态。

（励磁的状态）

❖ 电磁线圈通电后，固定铁心变成电磁铁
① 可动铁心被固定铁心吸引，受到向下的力。
② 与可动铁心联动的传动片向下方移动。
③ 与传动片联动的动触点向下移动，并与静触点接触，触点闭合。

❸ 电动机式定时器和电子式定时器

电动机式定时器

❖ **电动机式定时器**是通过输入电压信号控制电动机（一般为小型同步电动机）旋转，当达到预先设定的时间时，电动机带动触点动作，实现电路的接通或断开。

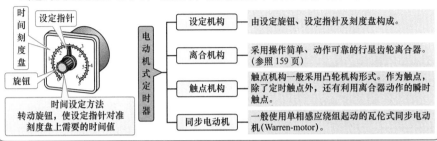

设定机构	由设定旋钮、设定指针及刻度盘构成。
离合机构	采用操作简单、动作可靠的行星齿轮离合器。（参照 159 页）
触点机构	触点机构一般采用凸轮机构形式。作为触点，除了定时触点外，还有利用离合器动作的瞬时触点。
同步电动机	一般使用单相感应绕组起动的瓦伦式同步电动机(Warren-motor)。

电动机式定时器的动作流程

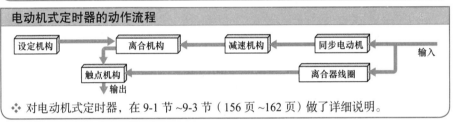

❖ 对电动机式定时器，在 9-1 节 ~9-3 节（156 页 ~162 页）做了详细说明。

电子式定时器

❖ **电子式定时器**也叫 RC 定时器，是利用电容 C 和电阻 R 的充放电时间常数，使得电磁继电器的触点做出延时开闭动作的定时器。

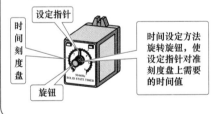

❖电子式定时器是对与可变电阻串联的电容充电，利用晶体管对电容的电压进行检测和放大，驱动继电器动作。

❖动作时间的设定是通过改变可变电阻的值，使电容的充电时间发生变化，这样就改变了定时器的动作时间。

电子式定时器的动作流程

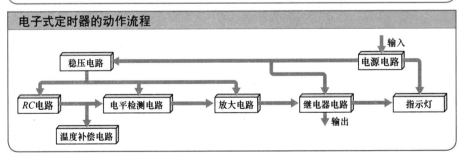

空气阻尼式定时器

❖ **空气阻尼式定时器**：当操作线圈得到输入信号（电压）时，使得橡胶气囊中的空气流入或流出，由此产生阻尼效果而获得延时，控制触点的开闭。这种定时器也称为气囊式定时器。

外观图〔例〕

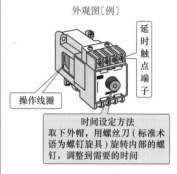

操作线圈
延时触点端子

时间设定方法
取下外帽，用螺丝刀（标准术语为螺钉旋具）旋转内部的螺钉，调整到需要的时间

详细构造图〔例〕

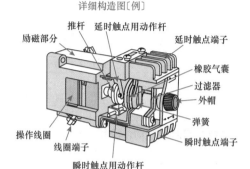

推杆　延时触点用动作杆
励磁部分
延时触点端子
橡胶气囊
过滤器
外帽
弹簧
操作线圈
线圈端子
瞬时触点端子
瞬时触点用动作杆

空气阻尼式定时器	延时机构	获得延时的部分，是由容积可变的气囊、可调节空气流量的针阀调节螺钉等部件构成。
	励磁部分	是由操作线圈、可动铁心和固定铁心等部件构成，并为延时机构部分提供运动能量。
	触点部分	由微动开关的瞬动触点和延时触点构成，与延时机构部分和磁铁部分联动。

动作方式　　　　　　　　　　　　●空气阻尼式定时器●

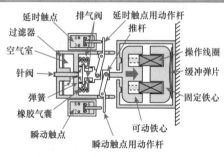

延时触点　排气阀　延时触点用动作杆
过滤器　　　　　　推杆
空气室　　　　　　　　　操作线圈
针阀　　　　　　　　　　缓冲弹片
弹簧　　　　　　　　　　固定铁心
橡胶气囊
瞬动触点　　可动铁心
瞬动触点用动作杆

❖切断操作线圈电流时(消磁)

● 操作线圈断电，磁场消磁，使可动铁心释放，并顶出推杆。气囊中的空气通过排气阀瞬间排出，气囊被压缩。与此同时延时触点和瞬时触点恢复到动作前的状态。

❖操作线圈没有通入电流时(非励磁)

● 可动铁心释放，橡胶气囊被推杆压缩，动作杠杆和开关均不动作。

❖操作线圈通入电流时(励磁)

● 操作线圈通电励磁后，可动铁心被吸引，向箭头方向移动，并带动推杆移动，与推杆联动的瞬动触点用动作杆立即动作，使瞬动触点反转，触点 7-8 闭合。

● 橡胶气囊受到内置弹簧的弹力开始膨胀，空气通过过滤器和针阀缓缓流入橡胶气囊。当流入的空气足够多时，延时触点动作，触点 3-4 闭合。

⑤ 油阻尼式定时器（延时继电器）

油阻尼式定时器

❖ 油阻尼式定时器（延时继电器）是利用液压硅油的制动力做成继电器的延时机构。这种延时机构的精度低，只能用于对延时精度要求不高的场合。

● 油阻尼式定时器的延时时间是固定的，不能调整的。

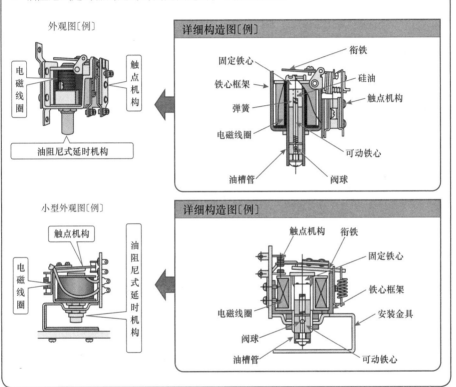

外观图〔例〕

电磁线圈　　触点机构

油阻尼式延时机构

详细构造图〔例〕

固定铁心　　衔铁
铁心框架　　硅油
弹簧　　触点机构
电磁线圈
可动铁心
油槽管　　阀球

小型外观图〔例〕

触点机构
电磁线圈
油阻尼式延时机构

详细构造图〔例〕

触点机构　　衔铁
固定铁心
铁心框架
电磁线圈　　安装金具
阀球
油槽管　　可动铁心

动作方式

● 油阻尼式定时器 ●

❖ 定时器的电磁线圈内部装有非磁性金属制成的筒管，筒管内部装有带阀球的可动铁心。当电磁线圈通电励磁后，可动铁心虽然受到因阀球的作用而产生的硅油制动力，但是在电磁力的作用下还可以徐徐上升。经过一段时间后，可动铁心与固定铁心相接触，电磁铁的磁通密度急剧增大，急剧增大磁力将衔铁吸合，与衔铁联动的触点部分也随之动作。

❖ 当电磁线圈断电失磁后，衔铁和触点部分迅速回归原位，可动铁心在自重和复位弹簧以及阀球的作用下，在筒管内下落到初始位置。

干簧开关

内部构造图〔例〕

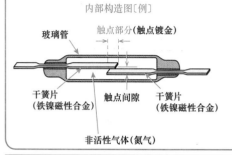

玻璃管

触点部分(触点镀金)

干簧片
(铁镍磁性合金)

触点间隙

干簧片
(铁镍磁性合金)

非活性气体(氮气)

❖ 干簧开关是由 2 根干簧片构成，触点之间留有适当的间隙，干簧片封装在充满氮气的玻璃管中。

❖ 干簧片是用导磁性材料制造的，通常选择与玻璃管热膨胀系数一致的铁镍磁性合金制成。干簧片可以起到电磁继电器的铁心、动作机构、触点弹簧和触点的作用。

干簧继电器

外观图〔例〕

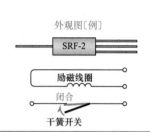

SRF-2

励磁线圈

闭合

干簧开关

❖ 干簧继电器是将干簧开关(触点、触点簧片及兼做动作机构的干簧片封装在玻璃管内)插入到继电器的励磁线圈中构成的继电器。

❖ 干簧继电器的构造非常简单，动作单纯而且没有附加的抖动，所以触点寿命长，动作快于普通的高速继电器。

励磁线圈的电流"增加"时 　　 励磁线圈的电流"减少"时

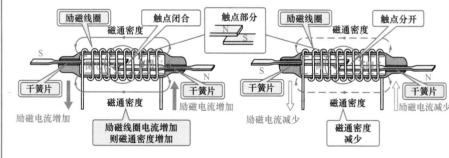

励磁线圈　触点闭合　触点部分

磁通密度

S　　　　　　　　　　N

干簧片　　　　　　　　干簧片

磁通密度　　励磁电流增加

励磁电流增加

励磁线圈电流增加
则磁通密度增加

励磁线圈　　触点分开

磁通密度

S　　　　　　　　　　N

干簧片　　　　　　　　干簧片

励磁电流减少　　励磁电流减少

磁通密度

磁通密度
减少

❖ 当干簧继电器励磁线圈的电流增加时，通过气隙的磁通密度也随之增加，上下触点成为不同极性的磁极，上触点为 N 极，下触点为 S 极，并分别在端子侧形成与触点侧相反极性的 S 极和 N 极。

❖ 当触点部分的异性磁极的吸力超过干簧片的复位弹性力时，触点吸合。

❖ 当干簧继电器励磁线圈的电流减少时，通过触点的磁通密度也随之减少，当干簧片的复位弹性力超过触点的磁吸引力时，触点分开。

❖ 励磁线圈的电流继续减少直至为零，干簧片的复位弹性力将保持触点分开。

⑦ 水银开关和水银触点继电器

水银开关

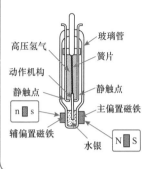

内部构造图〔例〕

玻璃管
高压氢气
簧片
动作机构
静触点
静触点
n s 主偏置磁铁
辅偏置磁铁
水银 N S

❖ 水银开关是将触点机构与水银、高压氢气一起封入玻璃管内的开关。

= 特征 =

（1）因虹吸作用使水银上升至触点的水平面，并且长时间覆盖在触点表面上，所以触点具有较长的寿命。

（2）开闭动作是通过水银实现的，所以接触可靠，而且触点没有抖动。

（3）动作快（一般为 3~5ms）。

（4）触点动作时，电流的通断不是直接由触点金属实现的，而是通过水银实现的，所以触点电流容量大。

水银触点继电器

❖ 水银触点继电器是在水银开关的周围将驱动线圈、永久磁铁（主偏置磁铁、辅偏置磁铁）和其他部件一起装入导磁性外壳而构成的继电器。

励磁线圈没有通电时	励磁线圈通电时
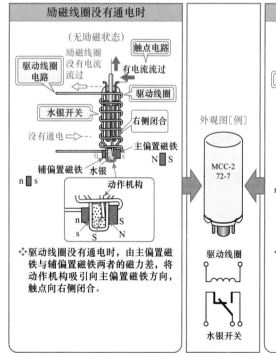	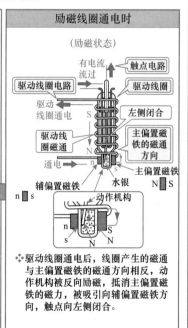
❖驱动线圈没有通电时，由主偏置磁铁与辅偏置磁铁两者的磁力差，将动作机构吸引向主偏置磁铁方向，触点向右侧闭合。	❖驱动线圈通电后，线圈产生的磁通与主偏置磁铁的磁通方向相反，动作机构被反向励磁，抵消主偏置磁铁的磁力，被吸引向辅偏置磁铁方向，触点向左侧闭合。

外观图〔例〕

MCC-2
72-7

驱动线圈

水银开关

2-3 显示器件和警报器件

1 指示灯和警报铃

指示灯

❖ **指示灯**是通过灯的点亮和熄灭，将控制动作状态显示在控制盘或监视盘上。最近多使用发光二极管作为指示灯的发光体。

❖指示灯是由两部分构成的：第一部分是由灯泡和不同颜色的有机玻璃灯罩构成的发光部分。第二部分是由变压器或串联电阻和底座构成的底座部分。

指示灯外观图〔例〕

变压器式

底座部分
(内置变压器)

发光部分

❖标签式指示灯的灯罩部分是用树脂封装的灯泡作为发光部分来使用的，在滤光片上刻有所需要的文字，还可以在里面衬入有色的有机玻璃板。亮灯时通过滤光片显示出不同颜色的文字。

标签式指示灯〔例〕

详细构造图〔例〕

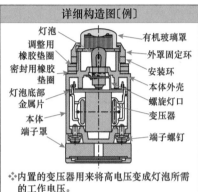

灯泡
调整用橡胶垫圈
密封用橡胶垫圈
灯泡底部金属片
本体
端子罩

有机玻璃罩
外罩固定环
安装环
本体外壳
螺旋灯口
变压器
端子螺钉

❖内置的变压器用来将高电压变成灯泡所需的工作电压。

警报铃

❖警报铃是顺序控制装置在发生故障时作为声音警报器使用的，常用的有电铃和蜂鸣器。一般在发生严重故障时使用电铃，发生较轻的故障时使用蜂鸣器。

铃未响时

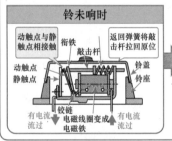

动触点与静触点相接触
衔铁
敲击杆
返回弹簧将敲击杆拉回原位
铃盖
铃座
动触点
静触点
铰链
电磁线圈变成电磁铁
有电流流过
有电流流过

警报铃外观图〔例〕

铃盖
引线

铃座

❖电铃是由电磁铁、触点以及发声的敲击杆、铃盖等部分构成。

铃响时

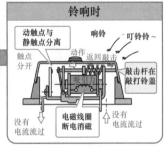

动触点与静触点分离
触点分开
响铃
叮铃铃～
动作
返回敲击
敲击杆在敲打铃盖
电磁线圈断电消磁
没有电流流过
没有电流流过

动作说明

(1) 敲击杆在没有敲打铃盖时，动触点与静触点相接触，电磁线圈有电流流过。

(2) 电磁线圈有电流流过时，变成电磁铁，吸引衔铁动作。

(3) 衔铁被吸引后，与衔铁联动的敲击杆动作，敲打铃盖，发出响声。

(4) 与敲击杆联动的动触点，与静触点分开。

(5) 动触点与静触点分开后，电磁线圈断电，失去了作为电磁铁的吸引力。

(6) 失去引力后，敲击杆在返回弹簧的弹力作用下，返回(1)的状态。

(7) 反复进行(1)~(6)的动作，铃一直响下去。

第3章

什么是顺序控制

❖ 顺序控制很早就被应用于工厂、楼宇以及各种机械、装置的自动控制。从运行的安全性、设备的可靠性、操作的方便性，到综合性的集中管理和机械装置的大型化等新课题都在稳步地向前推进。因此，面对日新月异的高新技术，作为新时代的技术人员，必须理解和掌握顺序控制这门重要的基础课程。

❖ 说起顺序控制，作为常识，很多人都会认为，只要按一下按钮，机械、装置就会自动地按照事先规定的顺序执行规定的动作。虽然事实的确如此，但是，一旦被问起"为什么会这样呢?"这确实是一个很难回答的问题。因此，从本章开始我们将以图文并茂的方式来讲解顺序控制的知识，力求做到一目了然的学习效果。

本章关键点

本章首先介绍顺序控制是怎样定义的、有哪些种类，并与反馈控制做对比以加深理解。

1. 顺序控制到底是什么呢？这里以转换开关和电铃构成的电路以及按钮和蜂鸣器构成的电路为例，并用实际接线图做比较，对顺序控制电路做出浅显易懂的说明。
2. 以电磁继电器控制电灯的电路为例，介绍描述顺序控制中各个构成元件动作顺序的流程图以及表示随时间变化的时序图。

3-1 顺序控制和反馈控制

① 顺序控制的定义和种类

顺序控制

❖ 所谓顺序控制（Sequential Control）就是"按照预定的先后顺序，或者按照一定的逻辑所确定的顺序，对控制的各个阶段依次实施的控制方式"。

❖ 换言之，在顺序控制中，下一步将要执行的控制动作是已知的。在前一步动作完成后，自动进入下一步动作，这种控制方式叫作顺序控制。

顺序控制的种类 ● 用途 ●

❖ 顺序控制的应用非常广泛，例如从洗衣机、电冰箱、电饭煲等日常家用电器，到电梯、输送带、升降机等搬运机械，以及压力机、机床等加工机械，乃至自动售货机、广告塔、发电厂、变电站等各个领域，都离不开顺序控制。顺序控制的规模也很宽泛，有只对电动机进行起动/停止控制的简单应用，也有配置了大规模信号处理器的复杂应用。

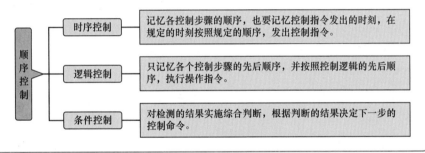

顺序控制	时序控制	记忆各控制步骤的顺序，也要记忆控制指令发出的时刻，在规定的时刻按照规定的顺序，发出控制指令。
	逻辑控制	只记忆各个控制步骤的先后顺序，并按照控制逻辑的先后顺序，执行操作指令。
	条件控制	对检测的结果实施综合判断，根据判断的结果决定下一步的控制命令。

顺序图的实例 ● 电动机的正反转控制 ●

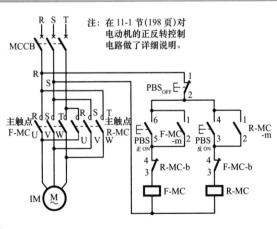

注：在 11-1 节(198 页)对电动机的正反转控制电路做了详细说明。

❖ 顺序图是用来简单描述控制系统的动作顺序，同时也对系统中的元件和装置做出详细展开的电路图。有时把顺序图也叫作展开接线图。

❖ 在顺序图［详情参照第 6 章（75 页）］中，使用电气符号表示控制系统的元件或装置，同时使用文字符号或元件编号作为标注。顺序图中的实线表示元件之间的电气连接。

❷ 什么是反馈控制

反馈控制

❖ 反馈控制是将检测到的控制量与目标值进行比较，使控制量向目标值接近的控制方式。

例：饲养热带鱼的鱼缸 　　反馈控制　　　（）内文字对应于带有温度控制器的鱼缸。

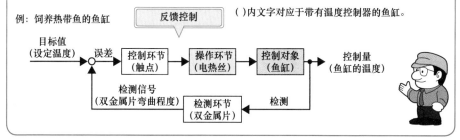

反馈控制的例子

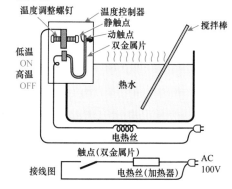

● 热水器 ●

温度调整螺钉　温度控制器
　　　　　　　静触点
　　　　　　　动触点
低温　　　　　双金属片　　搅拌棒
ON
高温
OFF　　　　　热水

　　　　　电热丝

触点(双金属片)
　　　　　　　　　　　AC
接线图　　　电热丝(加热器)　100V

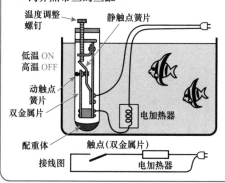

● 饲养热带鱼的鱼缸 ●

温度调整　　　静触点簧片
螺钉
低温 ON
高温 OFF
动触点
簧片
双金属片　　　　电加热器

配重体　　触点(双金属片)
接线图　　　电加热器

❖ 热水器是将水加热的设备，并通过温度控制器，使水温大致保持在一定范围。当水温低时，触点闭合，电热丝通电；当水温升高后，双金属片渐渐弯曲，使触点断开，电热丝断电。

　双金属片检测水的温度（控制量），由此控制动触点的 ON/OFF，使水的温度大致保持一定。这就是反馈控制的实例。

❖ 饲养热带鱼的鱼缸的水温控制原理与热水器的温度控制原理相同。它们都是把带有温度控制器的小型容器放入水中。

　通过调节温度调整螺钉，改变静触点和动触点之间的间隙，这样就可以改变水温的设定值。

　双金属片检测水的温度（控制量），并控制动触点的通断（ON/OFF），实现反馈控制。

1 实际接线图、原理接线图和顺序图

实际接线图、原理接线图是什么样的电路图

❖ **实际接线图**是参照实物、尽量与实物接近的形式来描述电路中所用元件和电路中接线的一种电路图。

❖ **原理接线图**是用电气符号表示元件，用与实物接近的状态表示接线的电路图。原理接线图便于装置的制作、维护和检修，但对于复杂的电路，在描述动作原理和动作顺序时，或多或少有些难于理解的不足。

翻转开关和电铃电路 ● 实物接线图和原理接线图 ●

❖这里介绍翻转开关和电铃串联接入100V交流照明电源的电路。图中的元件和接线状态完全按照实物画出。这就是如下图所示的"实际接线图"。

❖实际接线图与其说是图，其实更像是图画。想要用这种图表示稍微复杂的电路确实非常麻烦。因此，尽量用与实物相近的图形描述接线的状态，这就是用电气符号代表元件的"原理接线图"。

● 实际接线图 ●

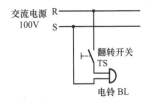

● 原理接线图 ●

按钮和蜂鸣器电路 ● 实物接线图和原理接线图 ●

❖这里介绍按钮和蜂鸣器串联接入100V交流照明电源的电路。图中的元件和接线完全按照实物画出。这就是如下图所示的"实际接线图"。

❖用电气符号画出按钮(代号PBS)和蜂鸣器(代号BZ)，并画出与实物接近的接线，这种图就是如下所示的"原理接线图"。

另外，关于PBS、BZ等字母代号，将在5-1节~5-3节给予详细说明。

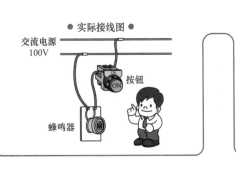

● 实际接线图 ●

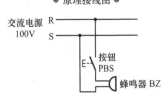

● 原理接线图 ●

什么是顺序图

❖ 所谓顺序图就是把电气设备中的装置、配电组件和相关的元件，表示成电气符号的形式，并以它们的功能、动作为中心，将电气关系展开为连接线的形式，这样的电路图就是顺序图，也称为"展开接线图"。也可以说，顺序图是将多个电路按照动作顺序排列的电路图。顺序图是一种易于理解动作内容的接线图。

❖ 在顺序图中，不必把控制电源母线展得过于详细。原则上是在图的上方、下方画出两条横线用来表示控制电源母线。电路中的各个元件都画在上、下控制母线之间。它们之间的连接线画成纵向实线。另外，关于顺序图的作图方法在第 6 章（75 页）也有详细说明。

翻转开关和电铃电路　　　　　　　　　　● 顺序图 ●

❖ 将翻转开关和电铃串联接入 100V 交流照明电源的实际接线图改画成顺序图，如下所示。

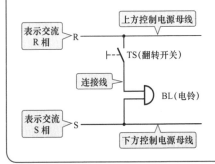

= 画法 =

（1）在图的上方、下方分别画出控制电源母线。

（2）从上方的电源母线引出翻转开关（TS）。

（3）从下方的电源母线引出电铃（BL）。

（4）用实线连接翻转开关（TS）和电铃（BL）。

按钮和蜂鸣器电路　　　　　　　　　　　● 顺序图 ●

❖ 把按钮和蜂鸣器串联接入 100V 交流电源的实际接线图改画成顺序图，如下所示。

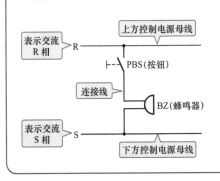

= 画法 =

（1）在图的上方、下方分别画出控制电源母线。

（2）从上方的电源母线引出按钮（PBS）。

（3）从下方的电源母线引出蜂鸣器（BZ）。

（4）用实线连接按钮（PBS）和蜂鸣器（BZ）。

翻转开关和电铃电路、按钮和蜂鸣器电路

❖ 将翻转开关和电铃串联，将按钮与蜂鸣器串联，然后分别接到100V交流照明电源上。实际接线图、原理接线图和顺序图如下所示。

● 实际接线图 ●

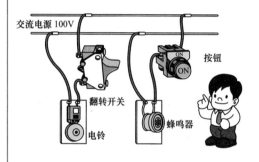

● 原理接线图 ●

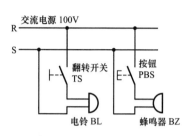

顺序图

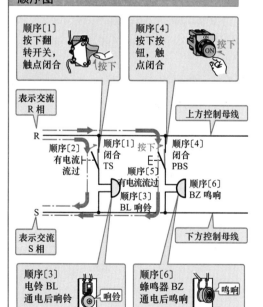

● 电铃、蜂鸣器电路的动作顺序 ●

顺序[1] 按下翻转开关，触点闭合
顺序[2] 触点闭合后，电铃通电
顺序[3] 电铃通电后响铃

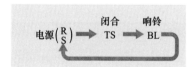

顺序[4] 按下按钮后，触点闭合
顺序[5] 触点闭合后，蜂鸣器通电
顺序[6] 蜂鸣器通电后鸣响

=电路构成=

② 流程图和时序图

表示动作顺序的流程图

❖ 在顺序控制系统中，各种元件组合在一起构成复杂的电路，如果把各构成元件的动作顺序详细画出，反而很难理解。如果把**全部的关联动作**按照顺序用方框和箭头来表示，这种简单化的框图称为"流程图"。

电灯控制电路的实际接线图〔例〕

❖ 继电器线圈和按钮串联，指示灯和继电器的常开触点串联。按下按钮，电灯即点亮。该电路的实际接线图，如下图所示。

❖ 关于这个电灯控制电路的动作，在 4-4 节① （48 页 ~49 页）作为电磁继电器触点动作的内容，做了详细说明。

❖ 常开触点也称为 a 触点。

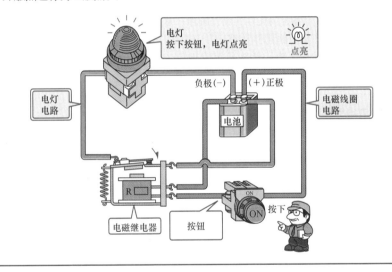

电灯点亮的流程图〔例〕

❖ 在电灯控制电路中，用流程图表示使电灯点亮的各种元件的动作顺序，如下图所示。

❖ 按下按钮后触点闭合，电磁继电器线圈通电，使电磁继电器触点闭合。电磁继电器的常开触点完成闭合动作，电流通过电灯，电灯点亮，控制动作结束。

② 流程图和时序图（续）

电灯熄灭的流程图〔例〕

❖ 在电灯控制电路中，把电灯熄灭时各个元件的动作顺序表示为流程图，如下图所示。

按钮断开
（按下的手离开） ➡ 电磁继电器
复位(断开) ➡ 电灯熄灭

❖ 按下按钮的手离开后，则触点断开。当触点断开动作结束后，电磁继电器复位，常开触点分开。当电磁继电器的常开触点分开动作完成，电灯断电熄灭，控制动作结束。

描述动作顺序随时间变化的时序图

❖ 在顺序控制过程中，利用时序图可以简单易懂地描述各个动作顺序随时间变化的情况。

时序图：纵轴表示各控制元件的动作顺序；横轴用实线表示时间的变化。

如图所示，当某个控制元件动作后，与之相关联的元件随之动作。图中用虚线表示它们之间的动作关系。各个元件的起动、停止、按下、放开、电源投入、电源断开等动作顺序都是由上下的时序图区分。

电灯控制电路的时序图〔例〕

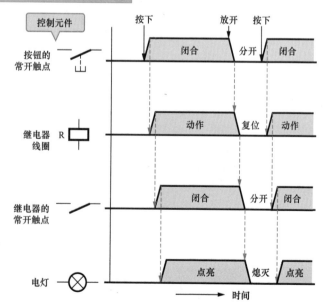

第4章

电气图形符号的画法[⊖]

❖ 为了使运用顺序图的人们便于理解和交流，特规定了通用的电气符号。作图时必须严格遵守相关的规定。在日本，这些符号是由日本工业标准 JIS C 0617《电气图形符号》规定。通常在制作顺序图时，应当采用该标准所规定的符号。

❖ **电气图形符号**：省略了各种元器件的结构关系，只是针对电路的特征予以简化，其目的是使读图者能够一目了然地理解电路。

❖ 本书对于开、闭触点的叫法是遵循 JIS C 0617《电气图形符号》标准，称为常开触点、常闭触点和切换触点。

❖ 在本章中，对于旧标准 JIS C 0301《电气图形符号》中所规定的 a 触点、b 触点和 c 触点的叫法都做了说明。

本章关键点

　　本章的目的是学习顺序控制电路中常用元器件的电气图形符号的画法，使读者能够充分掌握常见元器件的动作原理。

1. 以刀开关为例，介绍了手动操作触点的图形符号画法和动作方式。
2. 以按钮和电磁继电器为例，对于手动操作可自动复位的元件中的常开触点（a 触点）、常闭触点（b 触点）和切换触点（c 触点）的动作方式、动作顺序以及图形符号的画法，都做了详细说明。
3. 本章具体描述了电磁接触器的构造、主触点和辅助触点的联动关系，叙述了继电器图形符号的画法，还对通电和断电时的动作方式做了详细说明。
4. 本章给出了顺序控制电路中常用的元器件的外形图及其图形符号，同时对新版的 JIS C 0617 和旧版的 JIS C 0301 两个标准中所记载的图形符号做了对比。此外，还用图形符号下面（）内的数字，表示 JIS C 0617 标准中图形符号的序号。
5. 在 JIS C 0617 标准中，对于开、闭触点，除了用一般的图形符号来表示，还使用了"触点功能图符号"和"操作功能图符号"组合而成的电气图形符号。本章也对这种特有的表示法做了详细说明。

⊖ 虽然本章介绍的是日本标准中的图形符号，但是大部分图形符号与我国现行标准中一致，读者可参考使用。——译者注

1 电气图形符号对比（新版 JIS C 0617 的图形符号和旧版 JIS C 0301 的图形符号）

元器件名称	新JIS图形符号 (JIS C 0617)	旧JIS图形符号 (JIS C 0301)	图形符号的画法 (JIS C 0617)
按钮 	 (a)　　(b) (07-07-02) 常开触点　常闭触点 (a触点)　(b触点)	(a)　　(b) 常开触点　常闭触点 (a触点)　(b触点)	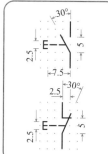
电池 	 (06-15-01) 一次电池、二次电池		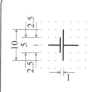
刀开关 	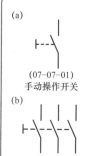 (a) (07-07-01) 手动操作开关 (b)	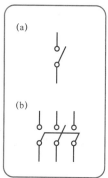 (a) (b)	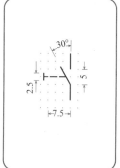
限位开关 	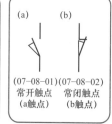 (a)　　(b) (07-08-01)(07-08-02) 常开触点　常闭触点 (a触点)　(b触点)	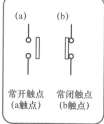 (a)　　(b) 常开触点　常闭触点 (a触点)　(b触点)	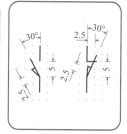

元器件名称	新JIS图形符号 (JIS C 0167)	旧JIS图形符号 (JIS C 0301)	图形符号画法 (JIS C 0167)
电磁接触器 	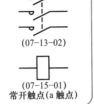 (07-13-02) (07-15-01) 常开触点(a触点)	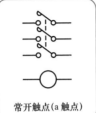 常开触点(a触点)	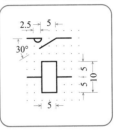
电磁继电器 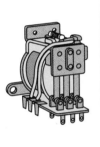	(a) (07-02-01) (07-15-01) 常开触点(a触点) (b) (07-02-03) (07-15-01) 常闭触点(b触点) 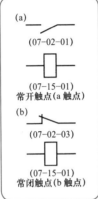	(a) 常开触点(a触点) (b) 常闭触点(b触点) 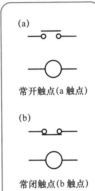	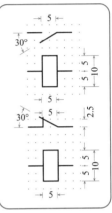
电动机 发电机 	 (06-04-01) 旋转机械 〔例〕 电动机 M 发电机 G		·把星号置换成表示旋转 机械种类的文字符号。 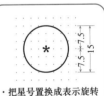
计量仪表(一般) 	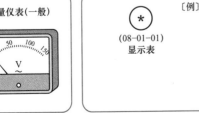 (08-01-01) 显示表 〔例〕 (08-02-01) V 电压表 A 电流表 W 功率表 		·把星号置换成被测量单 位所对应的文字符号。

元器件名称	JIS图形符号 (JIS C 0617)	图形符号画法 (JIS C 0617)
变压器 	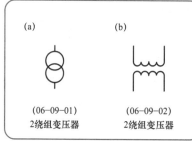 (a) (06-09-01) 2绕组变压器　(b) (06-09-02) 2绕组变压器	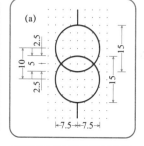 (a)
二极管 	 (05-03-01)	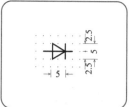
电阻器 	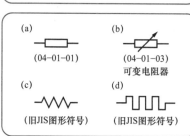 (a) (04-01-01)　(b) (04-01-03) 可变电阻器　(c) (旧JIS图形符号)　(d) (旧JIS图形符号)	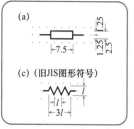 (a) (c) (旧JIS图形符号)
熔丝 （开放形） （封闭形） 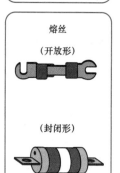	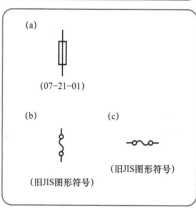 (a) (07-21-01)　(b) (旧JIS图形符号)　(c) (旧JIS图形符号)	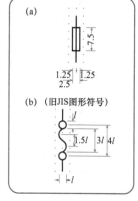 (a) (b) (旧JIS图形符号)

元器件名称	新JIS图形符号 (JIS C 0617)	旧JIS图形符号 (JIS C 0301)	图形符号的画法 (JIS C 0617)
继电器线圈 	 (07-15-01)	(a) (b) (c) 	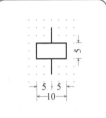
电容器  CH721X 2C205K31	(a) (04-02-01) (c) (04-02-05) (有极性)	(b) (04-02-07) (可变) (d) (04-02-09) (半固定)	(a) (b)
电铃 蜂鸣器 		 (08-10-06) 电铃 (08-10-10) 蜂鸣器	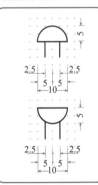
指示灯 	 (08-10-01) 色标记号 <参考> RD-红 GN-绿 RL-红 GL-绿 BU-蓝 OL-橙 BL-蓝 YE-黄 WH-白 YL-黄 WL-白		

4-2 手动操作触点的图形符号和动作

1 作为手动操作触点的刀开关的图形符号和动作

手动操作触点

❖ **手动操作触点**是由手动操作实现电路开闭（ON/OFF）的触点。作为手动操作触点的元件有作为电源开闭器的刀开关、切换开关，还有家用电器产品经常用到的带线的开关、安装在墙上较高位置的拉线开关等。因为刀开关直观易懂，所以这里以"刀开关"为例说明手动操作触点。

手动操作触点的动作 ● 刀开关 ●

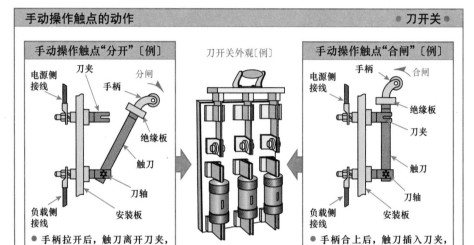

手动操作触点"分开"〔例〕　　刀开关外观〔例〕　　手动操作触点"合闸"〔例〕

● 手柄拉开后，触刀离开刀夹，电路断开(OFF)

● 手柄合上后，触刀插入刀夹，电路闭合(ON)

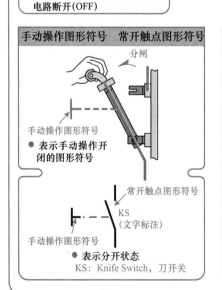

手动操作图形符号　常开触点图形符号

● 表示手动操作开闭的图形符号

● 表示分开状态
KS: Knife Switch, 刀开关

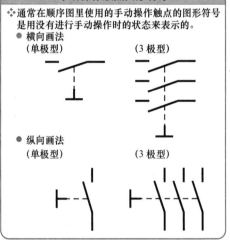

手动操作触点图形符号

❖通常在顺序图里使用的手动操作触点的图形符号是用没有进行手动操作时的状态来表示的。

● 横向画法
（单极型）　　　　　（3 极型）

● 纵向画法
（单极型）　　　　　（3 极型）

4-3　手动操作自动复位触点的图形符号和动作

❶ 手动操作自动复位"常开触点"（a触点）的图形符号和动作

手动操作自动复位触点

❖ 手动操作自动复位触点是指用手操作之后，触点出现"开路"或"闭路"的状态。
当操作的手离开后，由弹簧力使触点自动返回到原状态。下面以直观易懂并具有
代表性的"按钮"为例予以说明。

"常开触点"的复位状态和图形符号　　　　　●按钮在按下前的状态●

❖ 通常在顺序图里使用的手动操作自动复位触点的"常开触点"（a触点）的图形符号
是未操作时的状态，表示为"开路的触点"。

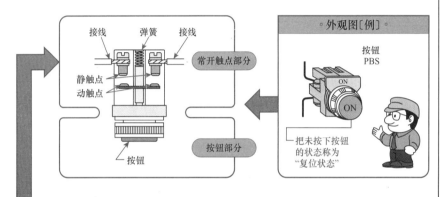

接线　弹簧　接线
常开触点部分
静触点
动触点
按钮部分
按钮

外观图〔例〕

按钮
PBS

把未按下按钮
的状态称为
"复位状态"

常开触点的"复位状态"

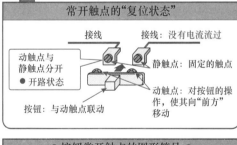

接线　　接线：没有电流流过
动触点与
静触点分开
● 开路状态
静触点：固定的触点
动触点：对按钮的操
作，使其向"前方"
移动
按钮：与动触点联动

常开触点的图形符号

● 常开触点的图形符号表示为按钮未
被按下，触点处于开路的状态。
● 表示动触点的斜线与表示静触点的
水平线呈分开状态。

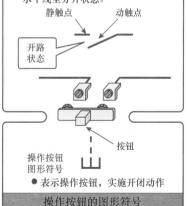

静触点　　动触点
开路
状态

按钮
操作按钮
图形符号
● 表示操作按钮，实施开闭动作

操作按钮的图形符号

● 按钮常开触点的图形符号 ●

❖按钮的图形符号是由常开触点部分的图形符号和操
作按钮部分的图形符号组合而成。

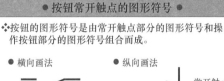

● 横向画法　　　● 纵向画法

常开触点
图形符号
操作按钮
图形符号

常开触点
图形符号
操作按钮图形符号

"常开触点"的动作状态　　　　　　　　● 按钮的按下状态 ●

常开触点的"动作"

动作后动触点
与静触点接触
● 闭合

接线：有电流流过

移动　　移动
按下
按钮

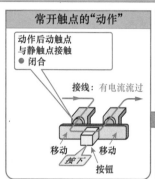

弹簧　接线

有电流流过

静触点
动触点

按下按钮

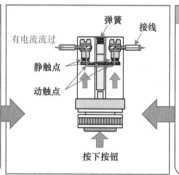

● 外观图〔例〕●

按钮
PBS

ON
ON

按下按钮

开闭触点的可动部分是表示"怎样的状态"

❖ 手动操作的触点部分，是用手未触及到操作部位时触点的状态来表示。
　 而使用电气操作或机械能量操作的触点部分，是用驱动电源或其他能量全部被断
　 开情况下，触点的状态来表示。
● 在能量断开的情况下，"分开触点"称为常开触点，"闭合触点"称为常闭触点。
　 切换触点的常开和常闭两个触点共用一个动触点。

"常开触点、常闭触点、切换触点"的叫法　　　　● JIS C 0617 ●

常开触点：称为"分开触点"，从触点动作后形成通路的意义上说，把该触点叫作"常
　　　　　 开触点"（make contact）。

　 ● 在 JIS C 0301 表示为"工作触点"（arbeit contact），取其英文名称的首字母
　　 a（小写）命名，称为"a 触点"。

常闭触点：称为"闭合触点"，从触点动作后断开电路的意义上说，把该触点叫作"分
　　　　　 断触点"（break contact）。

　 ● 在 JIS C 0301 表示为"分断触点"（break contact），取其英文名称的首字母
　　 b（小写）命名，称为"b 触点"。

切换触点：称为"可以切换的触点"，因为触点动作后输出状态得到切换，所以称为
　　　　　 "切换触点"（change-over contact）。

　 ● 在 JIS C 0301 表示为"可以切换的触点"（change-over contact），取其英文
　　 名称的首字母 c（小写）命名，称为"c 触点"。

● 本书采用 JIS C 0617 规定的"常开触点""常闭触点""切换触点"的叫法。
● 本章对 JIS C 0301 中规定的"a 触点""b 触点""c 触点"也一同标记。

2 手动操作自动复位"常闭触点"（b 触点）的图形符号和动作

"常闭触点"的复位状态和图形符号 ● 按钮在按下之前的状态 ●

❖ 通常在顺序图中使用的手动操作自动复位触点的"常闭触点"（b 触点）的图形符号是指没有操作时的状态，作为"闭合触点"来表示。这里以"按钮"为例予以说明。

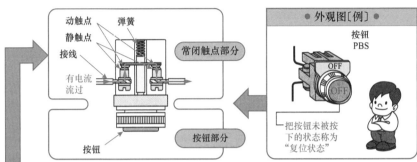

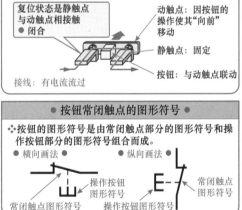

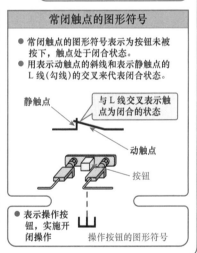

"常闭触点"的动作状态 ● 按钮按下的状态 ●

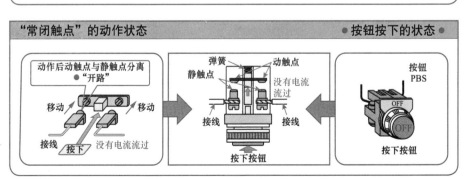

"切换触点"的复位状态和图形符号 ● 按钮按下之前的状态 ●

❖ 通常在顺序图中使用的手动操作自动复位触点的"切换触点"（c 触点）的图形符号是以无操作时的状态来表示。这里以"按钮"为例予以说明。

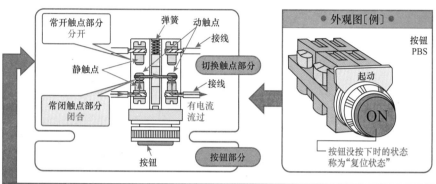

常开触点部分 分开　弹簧　动触点　接线　切换触点部分　接线　静触点　常闭触点部分 闭合　有电流流过　按钮　按钮部分

● 外观图〔例〕●

按钮 PBS　起动　ON

按钮没按下时的状态 称为"复位状态"

切换触点的"复位"

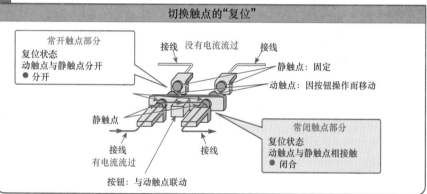

常开触点部分 复位状态 动触点与静触点分开 ●分开

接线　没有电流流过　接线

静触点：固定 动触点：因按钮操作而移动

静触点　接线 有电流流过　接线

常闭触点部分 复位状态 动触点与静触点相接触 ●闭合

按钮：与动触点联动

切换触点的图形符号

● 切换触点的图形符号表示为按钮未按下时的状态，即"常开触点"为开路状态，"常闭触点"为闭合状态。

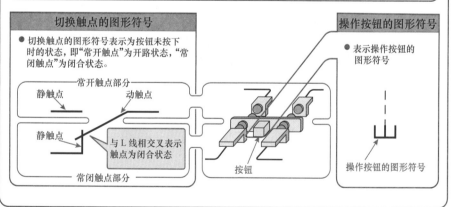

常开触点部分 静触点　动触点 静触点 与 L 线相交叉表示 触点为闭合状态 常闭触点部分

按钮

操作按钮的图形符号

● 表示操作按钮的图形符号

操作按钮的图形符号

按钮切换触点的图形符号

❖ 顺序图中的手动操作自动复位切换触点的图形符号有两种表示方法:
   第一种如图 (a)、(c) 所示,使用原型的切换触点的图形符号。
   第二种如图 (b)、(d) 所示,画成单独的常开触点和常闭触点。

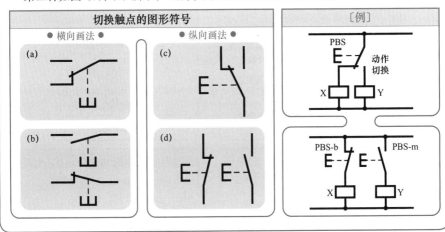

切换触点的图形符号		〔例〕
● 横向画法 ●	● 纵向画法 ●	
(a)	(c)	PBS / 动作切换 / X / Y
(b)	(d)	PBS-b / PBS-m / X / Y

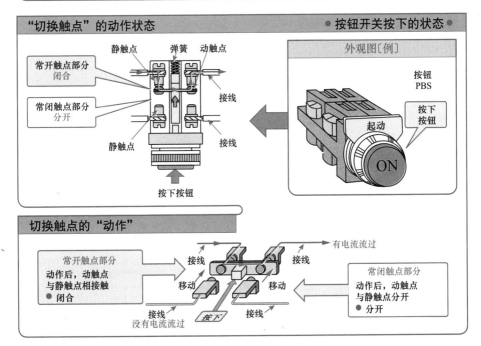

"切换触点"的动作状态

静触点　弹簧　动触点

常开触点部分
闭合

常闭触点部分
分开

静触点

接线

接线

按下按钮

● 按钮开关按下的状态 ●

外观图〔例〕

按钮
PBS

起动

按下
按钮

ON

切换触点的"动作"

有电流流过

常开触点部分
动作后,动触点
与静触点相接触
● 闭合

接线

移动

接线
没有电流流过

按下

接线

移动

接线

常闭触点部分
动作后,动触点
与静触点分开
● 分开

1 电磁继电器"常开触点"（a触点）的图形符号和动作

电磁继电器"常开触点"图形符号

❖ 通常在顺序图中使用的电磁继电器的"常开触点"（a触点）的图形符号是在电磁线圈没有通电时的状态，表示为"分开触点"。

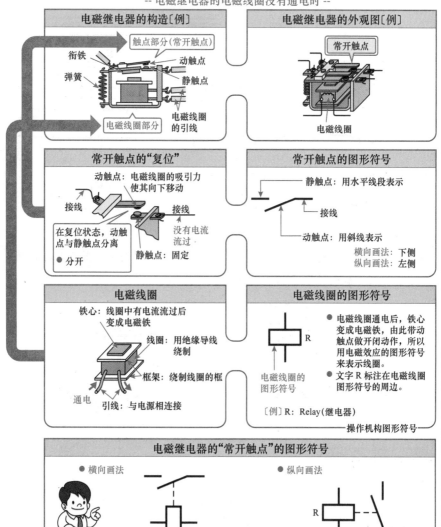

-- 电磁继电器的电磁线圈没有通电时 --

电磁继电器的构造〔例〕

触点部分（常开触点）
衔铁
动触点
弹簧
静触点
电磁线圈部分
电磁线圈的引线

电磁继电器的外观图〔例〕

常开触点
电磁线圈

常开触点的"复位"

动触点：电磁线圈的吸引力使其向下移动
接线
接线
在复位状态，动触点与静触点分离
没有电流流过
静触点：固定
● 分开

常开触点的图形符号

静触点：用水平线段表示
接线
动触点：用斜线表示
横向画法：下侧
纵向画法：左侧

电磁线圈

铁心：线圈中有电流流过后变成电磁铁
线圈：用绝缘导线绕制
框架：绕制线圈的框
通电
引线：与电源相连接

电磁线圈的图形符号

R
电磁线圈的图形符号

● 电磁线圈通电后，铁心变成电磁铁，由此带动触点做闭合动作，所以用电磁效应的图形符号来表示线圈。
● 文字 R 标注在电磁线圈图形符号的周边。

〔例〕R：Relay（继电器）

操作机构图形符号

电磁继电器的"常开触点"的图形符号

● 横向画法
● 纵向画法

R
R

注：虚线表示联动

电磁继电器"常开触点"的动作状态

● 常开触点的动作状态 　　　-- 电磁继电器的电磁线圈通电时 --

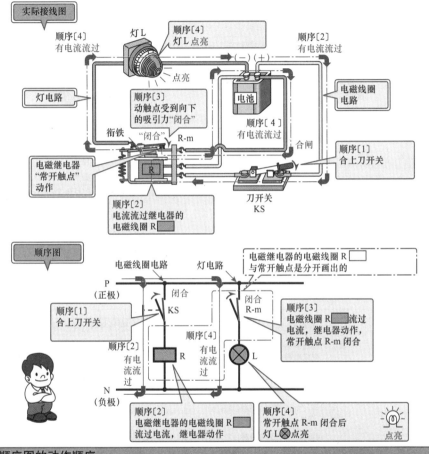

顺序图的动作顺序

顺序〔1〕　合上刀开关 KS。

〔2〕　合上刀开关，电磁继电器的电磁线圈 R□中有电流流过。

〔3〕　如果电磁继电器的电磁线圈 R□中有电流流过，则变成电磁铁吸引衔铁，
　　　与其联动的动触点受到向下的力，和静触点接触，常开触点 R-m 闭合。
　　　-- 该过程称为电磁继电器动作 --

〔4〕　电磁继电器动作后，常开触点 R-m 闭合，灯电路中有电流流过，灯 L ⊗
　　　点亮。

❷ 电磁继电器"常闭触点"（b 触点）的图形符号和动作

电磁继电器"常闭触点"的图形符号

❖ 通常在顺序图中使用的电磁继电器的"常闭触点"（b 触点）的图形符号是在电磁线圈没有通电时的状态，表示为"闭合触点"。

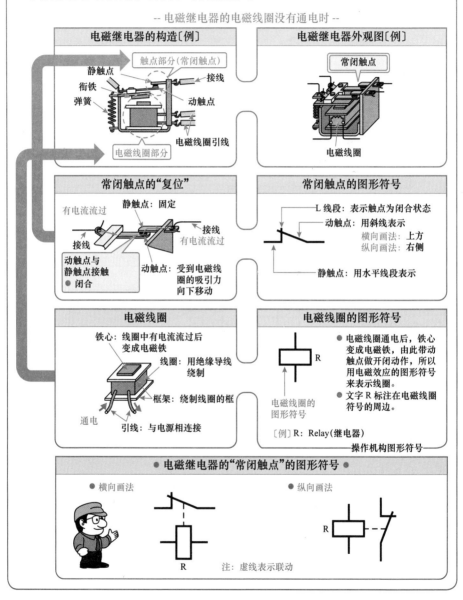

-- 电磁继电器的电磁线圈没有通电时 --

电磁继电器的构造〔例〕

触点部分(常闭触点)

静触点
衔铁
弹簧

接线
动触点

电磁线圈引线

电磁线圈部分

电磁继电器外观图〔例〕

常闭触点

电磁线圈

常闭触点的"复位"

有电流流过
静触点：固定
接线
接线
有电流流过

动触点与静触点接触
● 闭合

动触点：受到电磁线圈的吸引力向下移动

常闭触点的图形符号

L 线段：表示触点为闭合状态
动触点：用斜线表示
　　横向画法：上方
　　纵向画法：右侧
静触点：用水平线段表示

电磁线圈

铁心：线圈中有电流流过后变成电磁铁
线圈：用绝缘导线绕制
框架：绕制线圈的框
通电
引线：与电源相连接

电磁线圈的图形符号

R

电磁线圈的图形符号

● 电磁线圈通电后，铁心变成电磁铁，由此带动触点做开闭动作，所以用电磁效应的图形符号来表示线圈。
● 文字 R 标注在电磁线圈符号的周边。

〔例〕R：Relay(继电器)

操作机构图形符号

● 电磁继电器的"常闭触点"的图形符号 ●

● 横向画法

R

● 纵向画法

R

注：虚线表示联动

电磁继电器"常闭触点"的动作状态

● "常闭触点"的复位状态　　　-- 电磁继电器的电磁线圈没有通电时 --

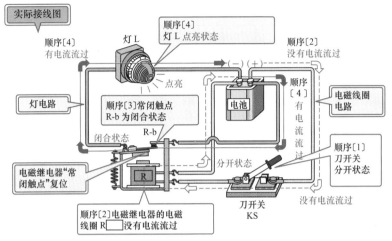

实际接线图

顺序[4] 有电流流过

灯 L

顺序[4] 灯 L 点亮状态

顺序[2] 没有电流流过

点亮

(−) (+)

顺序[4] 有电流流过

电磁线圈电路

灯电路

顺序[3]常闭触点 R-b 为闭合状态

电池

R-b

闭合状态

分开状态

顺序[1] 刀开关分开状态

电磁继电器"常闭触点"复位

R

没有电流流过

刀开关 KS

顺序[2]电磁继电器的电磁线圈 R□ 没有电流流过

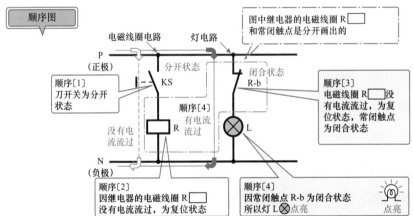

顺序图

图中继电器的电磁线圈 R□ 和常闭触点是分开画出的

电磁线圈电路　灯电路

P (正极)

分开状态

KS

闭合状态 R-b

顺序[1] 刀开关为分开状态

顺序[4] 有电流流过

没有电流流过

R

L

顺序[3] 电磁线圈 R□ 没有电流流过，为复位状态，常闭触点为闭合状态

N (负极)

顺序[2] 因继电器的电磁线圈 R□ 没有电流流过，为复位状态

顺序[4] 因常闭触点 R-b 为闭合状态 所以灯 L⊗点亮

点亮

顺序图的动作顺序

顺序〔1〕　刀开关 KS 为分开状态。

　　　〔2〕　没有电流通过继电器的电磁线圈 R□。

　　　〔3〕　因为没有电流通过电磁继电器的电磁线圈 R□，常闭触点为闭合状态。

　　　　　　-- 称为电磁继电器复位状态 --

　　　〔4〕　因为电磁继电器常闭触点 R-b 为闭合状态，灯电路有电流流过，灯 L⊗点亮。

第 4 章　电气图形符号的画法　**51**

电磁继电器 "常闭触点" 的动作状态

● "常闭触点" 的动作状态　　-- 电磁继电器的电磁线圈通电时 --

实际接线图

顺序〔4〕
没有电流流过

灯 L

顺序〔4〕
灯 L "熄灭"

顺序〔2〕
有电流流过

熄灭

(−) (+)

顺序
〔4〕
没有
电流
流过

灯电路

顺序〔3〕常闭触点
R-b 的动触点受到向
下的吸引力而分开

电池

电磁线圈
电路

衔铁

分开　R-b

合闸

顺序〔1〕
合上刀开关

电磁继电器
"常闭触点" 动作

R

顺序〔2〕
电磁继电器的电磁线圈 R ▭ 有电流流过

刀开关
KS

顺序图

灯电路

电磁继电器的电磁线圈 R ▭
与常闭触点是分开画出的

P
(正极)　合闸

分开

KS　　　R-b

顺序〔1〕
合上刀开关

顺序〔2〕
有电流
流过

R

没有
电流
流过

L

顺序〔3〕
电磁线圈 R ▭
有电流流过而动作,
常闭触点 R-b 分开

N
(负极)

顺序〔2〕
电磁继电器的电磁线圈 R ▭
因有电流流过而动作

顺序〔4〕
常闭触点 R-b 分开后
灯 L ⊗ "熄灭"

熄灭

顺序图的动作步骤

顺序〔1〕　合上刀开关 KS。

〔2〕　刀开关合上后, 电磁继电器的电磁线圈 R ▭ 通电。

〔3〕　电磁继电器的电磁线圈 R ▭ 通电变成电磁铁, 吸引衔铁, 与其联动的动触
点受到向下的力, 与静触点分离, 常闭触点 R-b 分断。

　　　-- 该过程称为电磁继电器动作 --

〔4〕　电磁继电器动作, 常闭触点 R-b 分断, 灯电路中没有电流流过, 灯 L ⊗ "熄灭"。

③ 电磁继电器"切换触点"（c触点）的图形符号和动作

电磁继电器"切换触点"的图形符号

❖ 通常在顺序图中使用的电磁继电器的"切换触点"（c触点）的图形符号是用电磁线圈没有通电时的状态来表示的。

-- 电磁继电器的电磁线圈没有通电时 --

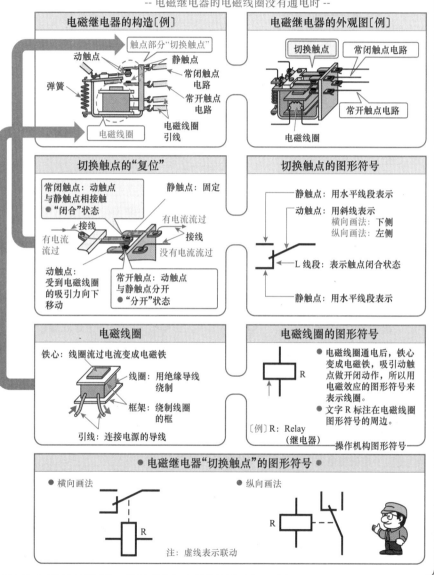

| 电磁继电器的构造〔例〕 | 电磁继电器的外观图〔例〕 |

触点部分"切换触点"
动触点
静触点
常闭触点电路
常开触点电路
弹簧
电磁线圈引线
电磁线圈

切换触点　　常闭触点电路
常开触点电路
电磁线圈

| 切换触点的"复位" | 切换触点的图形符号 |

常闭触点：动触点与静触点相接触
●"闭合"状态
静触点：固定
有电流流过
接线
接线
有电流流过
没有电流流过
动触点：受到电磁线圈的吸引力向下移动
常开触点：动触点与静触点分开
●"分开"状态

静触点：用水平线段表示
动触点：用斜线表示
横向画法：下侧
纵向画法：左侧
L线段：表示触点闭合状态
静触点：用水平线段表示

| 电磁线圈 | 电磁线圈的图形符号 |

铁心：线圈流过电流变成电磁铁
线圈：用绝缘导线绕制
框架：绕制线圈的框
引线：连接电源的导线

R

● 电磁线圈通电后，铁心变成电磁铁，吸引动触点做开闭动作，所以用电磁效应的图形符号来表示线圈。
● 文字R标注在电磁线圈图形符号的周边。

〔例〕R：Relay（继电器）
操作机构图形符号

| ● 电磁继电器"切换触点"的图形符号 ● |

● 横向画法

R

● 纵向画法

R

注：虚线表示联动

电磁继电器"切换触点"的动作状态

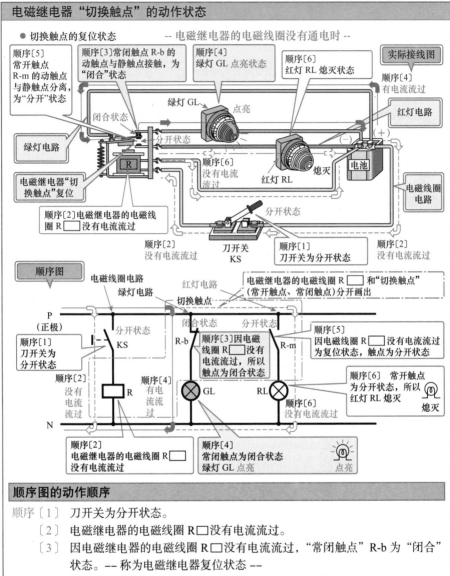

● 切换触点的复位状态 -- 电磁继电器的电磁线圈没有通电时 --

顺序图的动作顺序

顺序 [1] 刀开关为分开状态。

[2] 电磁继电器的电磁线圈 R□没有电流流过。

[3] 因电磁继电器的电磁线圈 R□没有电流流过，"常闭触点" R-b 为"闭合"状态。 -- 称为电磁继电器复位状态 --

[4] 因"常闭触点"为闭合状态，所以绿灯 GL ⊗ "点亮"。

[5] 因电磁继电器的电磁线圈 R□没有电流流过，"常开触点" R-m 为"分开"状态。 -- 称为电磁继电器复位状态 --

[6] 因"常开触点"分开，所以红灯 RL ⊗ "熄灭"。

电磁继电器"切换触点"的动作状态

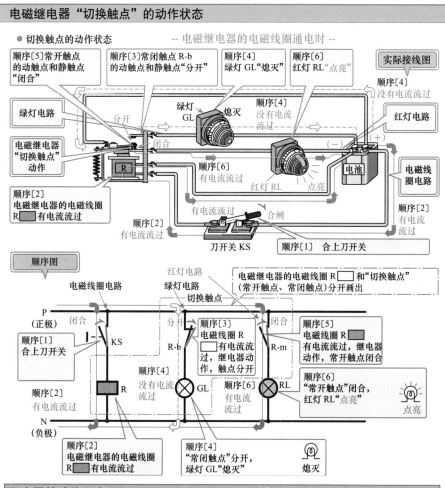

● 切换触点的动作状态　　　　-- 电磁继电器的电磁线圈通电时 --

顺序[5]常开触点的动作点和静触点"闭合"

顺序[3]常闭触点 R-b 的动作点和静触点"分开"

顺序[4] 绿灯 GL "熄灭"

顺序[6] 红灯 RL "点亮"

实际接线图

顺序[4] 没有电流流过

绿灯电路

绿灯 GL 熄灭

顺序[4] 没有电流流过

红灯电路

电磁继电器"切换触点"动作

分开

闭合

R

顺序[6] 有电流流过

红灯 RL 点亮

电池

(+)

(−)

电磁线圈电路

顺序[2] 电磁继电器的电磁线圈 R□ 有电流流过

顺序[2] 有电流流过

合闸

刀开关 KS

顺序[1] 合上刀开关

顺序[2] 有电流流过

顺序图

电磁线圈电路

红灯电路

绿灯电路

切换触点

电磁继电器的电磁线圈 R□ 和"切换触点"（常开触点、常闭触点）分开画出

P (正极)

闭合

分开

闭合

顺序[1] 合上刀开关

KS

R-b

顺序[3] 电磁线圈 R□ 有电流流过，继电器动作，触点分开

R-m

顺序[5] 电磁线圈 R□ 有电流流过，继电器动作，常开触点闭合

顺序[2] 有电流流过

R

顺序[4] 没有电流流过

GL

顺序[6] 有电流流过

RL

顺序[6] "常开触点"闭合，红灯 RL "点亮"

点亮

N (负极)

顺序[2] 电磁继电器的电磁线圈 R□ 有电流流过

顺序[4] "常闭触点"分开，绿灯 GL "熄灭"

熄灭

顺序图的动作顺序

顺序[1]. 合上刀开关 KS。

[2] 合上刀开关，电磁继电器的电磁线圈 R□ 有电流流过。

[3] 电磁继电器的电磁线圈 R□ 有电流流过后，切换触点中的"常闭触点" R-b "分开"。-- 称为电磁继电器动作 --

[4] "常闭触点" R-b 分开，绿灯 GL ⊗ "熄灭"。

[5] 电磁继电器的电磁线圈 R□ 有电流流过，切换触点中的"常开触点" R-m "闭合"。-- 称为电磁继电器动作 --

[6] "常开触点" R-m 闭合，红灯 RL ⊗ "点亮"。

4-5　接触器的构造、图形符号及动作

 接触器的构造

什么是接触器

❖ 接触器通过电磁铁的动作，可以频繁地开闭负载电路。接触器的动作原理和电磁继电器相同，但是二者在构造上有所不同。接触器除了主触点之外，还有辅助触点。主触点容量大，可以接通像电动机之类的设备，尽管通过很大的电流，但也可以安全应用。辅助触点类似小型继电器的触点，容量较小。在结构上，当电流通入接触器的线圈，主触点和辅助触点同时做出开闭动作。

接触器的构造

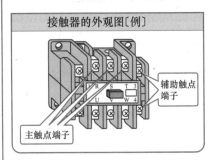

接触器的外观图〔例〕

辅助触点端子
主触点端子

电磁线圈有电流流过后，固定铁心变成电磁铁吸引可动铁心，主触点和辅助触点的动触点与可动铁心联动，受到向下的力，做出"触点开闭"的动作。

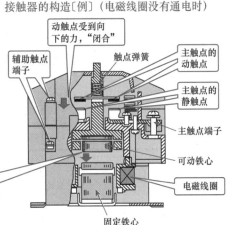

接触器的构造〔例〕（电磁线圈没有通电时）

动触点受到向下的力，"闭合"
辅助触点端子
触点弹簧
主触点的动触点
主触点的静触点
主触点端子
可动铁心
电磁线圈
固定铁心

电磁开闭器的构造

❖ 电磁开闭器是在接触器上增加了热动过电流保护继电器（也叫热继电器）的元件。

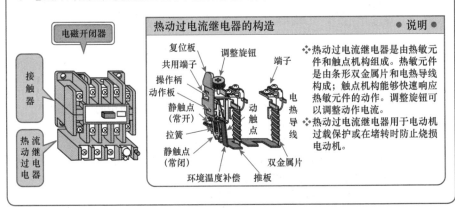

电磁开闭器
接触器
热动过电流继电器

热动过电流继电器的构造

复位板
共用端子
操作柄
动作板
静触点（常开）
拉簧
静触点（常闭）
环境温度补偿
调整旋钮
端子
动触点
推板
电热导线
双金属片

● 说明 ●

❖ 热动过电流继电器是由热敏元件和触点机构组成。热敏元件是由条形双金属片和电热导线构成；触点机构能够快速响应热敏元件的动作。调整旋钮可以调整动作电流。

❖ 热动过电流继电器用于电动机过载保护或在堵转时防止烧损电动机。

❷ 接触器的图形符号和动作

接触器的图形符号表示法

❖ 接触器的图形符号是省略了其支持、保护等与机械相关联的结构部分，只把主触点、辅助触点、电磁线圈等部分的图形符号组合起来表示的。在图形符号中，主触点和辅助触点表示为电磁线圈没有通电时的状态。

-- 接触器的电磁线圈没有通电时 --

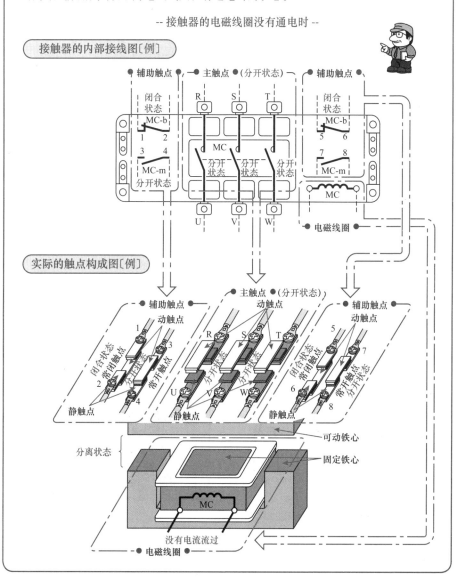

接触器的内部接线图〔例〕

实际的触点构成图〔例〕

❷ 接触器的图形符号和动作（续）

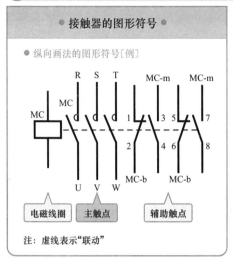

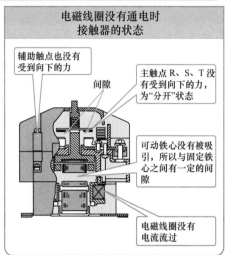

接触器的动作

❖ 接触器的电磁线圈通电，固定铁心变成电磁铁，可动铁心受到向下的吸引力，与可动铁心联动的主触点和辅助触点也受到向下的力，因此主触点闭合，与此同时，辅助触点也实现了开闭动作（常开触点"闭合"，常闭触点"分开"）。

-- 接触器的电磁线圈通电时 --

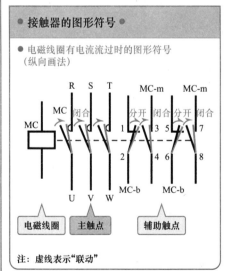

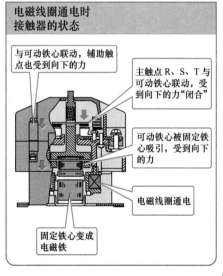

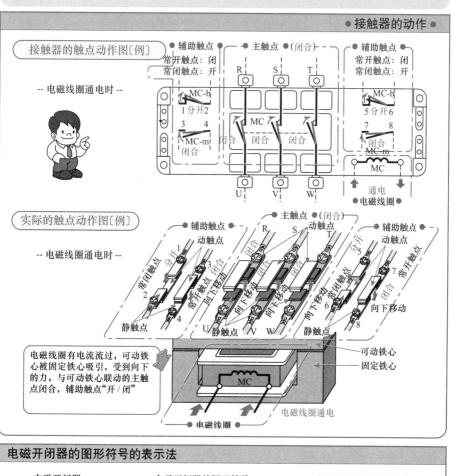

• 接触器的动作 •

接触器的触点动作图〔例〕

辅助触点
常开触点：闭
常闭触点：开

主触点 •（闭合）

辅助触点
常开触点：闭
常闭触点：开

-- 电磁线圈通电时 --

MC-b
1 分开 2
3   4
MC-m
闭合

R   S   T

MC

闭合 闭合 闭合

MC-b
5 分开 6
7   8
闭合
MC-m

U   V   W

通电
电磁线圈

实际的触点动作图〔例〕

-- 电磁线圈通电时 --

辅助触点

动触点
常闭触点 1 分开
2 常开触点 4 闭合
静触点

主触点 •（闭合）
R   S   T
动触点
闭合 闭合 闭合
向上移动 向下移动 向下移动
U 静触点 V W

辅助触点
动触点
5 分开
6 常开触点 7
常闭触点 8
静触点 向下移动

电磁线圈有电流流过，可动铁心被固定铁心吸引，受到向下的力，与可动铁心联动的主触点闭合，辅助触点"开 / 闭"

可动铁心
固定铁心

MC

电磁线圈 电磁线圈通电

电磁开闭器的图形符号的表示法

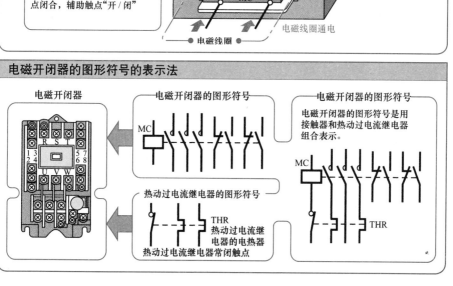

电磁开闭器

R S T
1 3   5 7
2 4   6 8
U V W

电磁开闭器的图形符号

MC

电磁开闭器的图形符号

电磁开闭器的图形符号是用接触器和热动过电流继电器组合表示。

MC

THR

热动过电流继电器的图形符号

THR
热动过电流继电器的电热器

热动过电流继电器常闭触点

①　主要的开闭触点图形符号

开闭触点名称		电气图形符号				说明 ● 图形符号下面的（）里面的数字是 JIS C 0617规定的元件序号 ● 旧JIS图形符号是指JIS C 0301的图形符号
		新 JIS 图形符号（JIS C 0617）		旧 JIS 图形符号（JIS C 0301）		
		常开触点 （a触点）	常闭触点 （b触点）	常开触点 （a触点）	常闭触点 （b触点）	
手动操作开闭触点	开关触点	(07-02-01)	(07-02-03)			● 是由手动操作的开闭触点
	自动复位触点	(07-06-01)	(07-06-03)			● 这类触点的特点是，当手动操作时，实现开路或闭路，当手离开时，由弹簧等的力使触点自动返回原来的状态。在JIS的图形符号中，虽然按钮的触点多属于自动复位触点，但是也不必将它特意表示为自动复位触点
电磁继电器触点	继电器触点	(07-02-01)	(07-02-03)			● 这类触点当电磁继电器的线圈通电时，常开触点闭合，常闭触点分开。线圈断电后，触点自动返回原来的状态。一般的电磁继电器的触点属于这类触点
	具有自保持功能的触点	(07-06-02)				● 这类触点在电磁继电器的线圈通电时，常开触点闭合，或者常闭触点分开，但是，即使线圈断电，由机械或磁性使其状态继续保持，只有再次手动复位操作，或者再次给线圈通电去磁，才能返回原来的状态 例：手动复位热动过电流继电器
延时继电器触点	延时动作瞬时复位触点	(07-05-01)	(07-05-03)			● 普通电磁继电器在给出所需要的输入后，触点立即分开或闭合。但是，延时继电器却要经过一定的时间之后，触点才能分开或闭合 延时动作瞬时复位触点：延时继电器线圈通电，触点延时动作，但复位是瞬时完成的
	瞬时动作延时复位触点	(07-05-02)	(07-05-04)			● 瞬时动作延时复位触点：延时继电器线圈通电时，触点瞬时动作，但复位是延时完成的

1 开闭触点图形符号和触点机构图形符号的表示方法

主要的"触点机构图形符号"

❖带有开闭触点元件的电气图形符号是用触点机构图形符号或操作机构图形符号与开闭触点图形符号的组合来表示的。

名称	主触点功能	断路功能	隔离功能
图形符号	（07-01-01）	╳ （07-01-02）	—— （07-01-03）

名称	负载开闭功能	自动分离功能	位置开关功能
图形符号	（07-01-04）	■ （07-01-05）	（07-01-06）

名称	延时动作功能	自动复位功能 （例：弹簧复位）	非自动复位（保持）功能
图形符号	(a) （02-12-05）　(b) （02-12-06） ●面向半圆的中心方向时，动作延时。	◁ （07-01-07）	○ （07-01-08）

"开闭触点序号和触点机构序号"的组合〔例〕

--延时动作瞬时复位常开触点图形符号--

（07-05-01）

●延时动作，瞬时复位的触点。

=

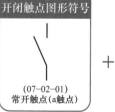

开闭触点图形符号

（07-02-01）
常开触点（a触点）

+

触点功能图形符号

（延时动作功能）

（02-12-05）
延时动作瞬时复位的触点

主要的"触点功能图形符号"和开闭器类〔例〕

隔离开关	负载开闭器

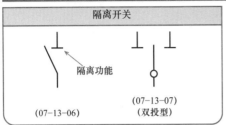

隔离功能

(07-13-07)
(双投型)

(07-13-06)

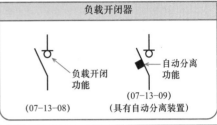

负载开闭功能

自动分离功能

(07-13-08)

(07-13-09)
(具有自动分离装置)

限位开关	带有熔丝的负载开闭器

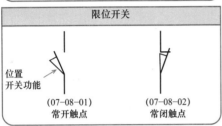

位置开关功能

(07-08-01)
常开触点

(07-08-02)
常闭触点

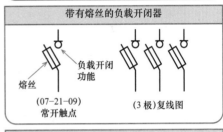

熔丝

负载开闭功能

(07-21-09)
常开触点

(3极)复线图

直流断路器	交流断路器

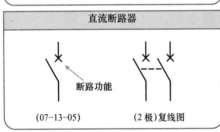

断路功能

(07-13-05)

(2极)复线图

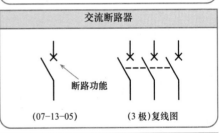

断路功能

(07-13-05)

(3极)复线图

接触器	热动过电流继电器

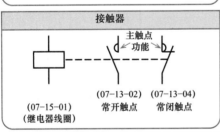

主触点功能

(07-13-02)
常开触点

(07-13-04)
常闭触点

(07-15-01)
(继电器线圈)

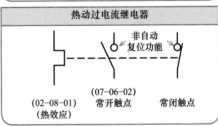

非自动复位功能

(02-08-01)
(热效应)

常开触点

常闭触点

定时器（延时动作瞬时复位）	定时器（瞬时动作延时复位）

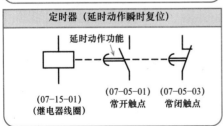

延时动作功能

(07-15-01)
(继电器线圈)

(07-05-01)
常开触点

(07-05-03)
常闭触点

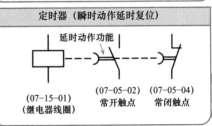

延时动作功能

(07-15-01)
(继电器线圈)

(07-05-02)
常开触点

(07-05-04)
常闭触点

主要的操作机构的图形符号

❖具有开闭触点的元件，其电气图形符号是由开闭触点的图形符号和操作机构的图形符号组合而成。操作机构的图形符号如下所示。

名称	手动操作（一般）	拉动操作	旋转操作
图形符号	(02-13-01)	(02-13-03)	(02-13-04)

名称	按压操作	曲柄操作	紧急操作 （蘑菇头帽型）
图形符号	(02-13-05)	(02-13-14)	(02-13-08)

名称	方向盘操作	脚踏操作	杠杆操作
图形符号	(02-13-09)	(02-13-10)	(02-13-11)

名称	可以拆装的方向盘操作	钥匙操作	凸轮操作
图形符号	(02-13-12)	(02-13-13)	(02-13-16)

名称	由电磁效应操作的 继电器线圈	接近感应操作	电动机操作
图形符号	(02-13-23)　(07-15-01)	(02-13-06)	(02-13-26)

④ 使用操作机构图形符号的开闭器类的图形符号

操作机构图形符号和开闭器类的图形符号的组合〔例〕

--电磁继电器的图形符号--

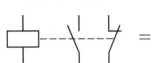 = 操作机构图形符号

（电磁效应的操作符号）
（02-13-23）
（继电器线圈）（07-15-01）

+ 开闭触点图形符号

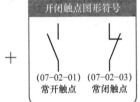

（07-02-01）（07-02-03）
常开触点　常闭触点

主要的操作机构的图形符号和开闭器类〔例〕

按压式按钮
按压操作
（07-07-02）　　　　　常闭触点
常开触点

拉动式按钮
拉动操作
（07-07-03）　　　　　常闭触点
常开触点

刀开关
手动操作
（07-07-01）　　　（3极）复线图

手动操作隔离开关
手动操作
（07-13-06）　　　（3极）复线图

电动机操作隔离开关式开闭器
电动机操作 
（07-13-08）　　　（3极）复线图

电动机操作隔离开关
电动机操作 
（07-13-06）　　　（3极）复线图

切换开关
旋转操作 
（07-02-05）

接近开关
接近感应操作 Fe
（07-20-04）
（07-20-02）　因铁磁类物体接近而动作

第5章

文字符号、控制元件序号的表示方法

什么是文字符号

❖ 在顺序控制系统中，对于构成系统的电气设备、装置、元器件等元素，如果每次使用时都把它们的名称用文字或英文书写出来，是一件很繁琐的事情。因此采用略写的**文字符号**代替元器件的名称，并将文字符号附记在电气图形符号上。

设备元件及其功能的文字符号由 JEM1115（配电盘、控制盘、控制装置用语和文字符号）规范定义。

什么是控制元件序号

❖ **控制元件序号**是为控制元件分配的固有序号，是由基本序号、辅助符号和辅助序号构成。基本序号由 1 到 99 的数字表示；辅助符号是用英文字母来表示元件的种类、性质、用途等属性。

控制元件序号是以**日本电机工业协会规范 JEM1090（控制元件序号）**为基础，很早以前就被用于发电厂、变电站、自用电设备等电力企业的顺序控制系统中。控制元件序号是一种专业用语，从事顺序控制的技术人员有必要牢记这些通用的序号。

本章关键点

本章的目的是充分理解和掌握顺序控制用电气图形符号上附注的"文字符号"和"控制元件序号"的构成方法和书写方法。

1. 用大量的举例说明电气图形符号上附注的文字符号，同时将主要的功能符号、机器符号和英文名称一起归纳在一览表中。

2. 控制元件序号是由基本元件序号和辅助符号、辅助序号构成。本章对基本的元件序号和辅助序号的概要予以说明。书末的附录中收录了全部基本元件序号和元件名称，还收录了基本元件序号、辅助符号的组合方法以及辅助序号的构成说明。

1 什么是文字符号　　　　　　　　　　　　　　　● 功能符号 ●

文字符号

❖ **文字符号**原则上是用机器、装置或其功能的英文首位字母（大写）来表示。但是在容易引起混淆时，可以再追加英文名称的第 2 位、第 3 位字母。

❖ 在顺序图中使用的文字符号有两种，分别是表示元器件、装置的**元件符号**和表示元器件、装置功能的**功能符号**。

❖ 用文字符号表示功能符号和元件符号的组合时，按照功能符号、元件符号的顺序书写。根据规定，二者之间加入横线"-"。

〔例〕● ST-PBS　　起动按钮
　　　　　　　　　── 元件符号：按钮
　　　　　　　　　── 功能符号：起动

主要的功能符号的表示方法

= 表示功能的文字符号 =

名称	文字符号	英文名称	名称	文字符号	英文名称
自动	AUT	Automatic	高	H	High
手动	MA	Manual	低	L	Low
关机（关）	OFF	Off	前	FW	Forward
开机（开）	ON	On	后	BW	Backward
起动	ST	Start	增加	INC	Increase
运转（运行）	RN	Run	减少	DEC	Decrease
停止	STP	Stop	打开	OP	Open
复位	RST	Reset	关闭	CL	Close
切换	CO	Change-over	右	R	Right
保持	HL	Holding	左	L	Left
上升	U	Up	正	F	Forward
下降	D	Down	反	R	Reverse
微动（点动）	ICH	Inching	超过	O	Over
加速	A	Accelerating	不足	U	Under
减速	DE	Decelerating	紧急	EM	Emergency
微速（爬行）	CRL	Crawling	同步	SY	Synchronizing
瞬动	INS	Instant	设定	SET	Set
制动	B	Braking	辅助	AUX	Auxiliary

5-2 常用元件的文字符号

1 常用元件符号的表示方法

电源、继电器、计量仪器的文字符号

= 电源的文字符号 =

名称	文字符号	英文名称	名称	文字符号	英文名称
交流	AC	Alternating Current	高压	HV	High-Voltage
直流	DC	Direct Current	放电	D	Discharge
单相	1ϕ	Single-Phase	接地	E	Earth
三相	3ϕ	Three-Phase	接地故障	G	Ground Fault
低压	LV	Low-Voltage	短路	S	Short-Circuit

= 继电器的文字符号 =

名称	文字符号	英文名称	名称	文字符号	英文名称
继电器	R	Relay	频率继电器	FR	Frequency Relay
电压继电器	VR	Voltage Relay	过电流继电器	OCR	Over Current Relay
电流继电器	CR	Current Relay	欠电压继电器	UVR	Under Voltage Relay
接地继电器	GR	Ground Relay	热敏继电器	THR	Thermal Relay
欠相继电器	OPR	Open Phase Relay	起动继电器	STR	Starting Relay
过电压继电器	OVR	Over Voltage Relay	短路继电器	SR	Short-circuit Relay
压力继电器	PRR	Pressure Relay	延时继电器	TLR	Time-Lag Relay
功率继电器	PWR	Power Relay	温度继电器	TR	Temperature Relay

= 计量仪器的文字符号 =

名称	文字符号	英文名称	名称	文字符号	英文名称
电流表	A	Ammeter	频率计	F	Frequency Meter
电压表	V	Voltmeter	温度计	TH	Thermometer
功率表	W	Wattmeter	压力计	PG	Pressure Gauge
电能表	WH	Watt-Hour Meter	计时表	HRM	Hour Meter
功率因数表	PF	Power-Factor Meter	真空计	VG	Vacuum Gauge
无功功率表	VAR	Var Meter	水位计	WLI	Water Level Indicator
最大需要电功率表	MDW	Maximum Demand Wattmeter	流量计	FL	Flow Meter
分流器	SH	Shunt	位置指示计	PI	Position Indicator
热电偶	THC	ThermoCouple	转速计	N	Tachometer

开关、断路器、电阻、变压器的文字符号

= 开关和断路器的文字符号 =

名称	文字符号	英文名称	名称	文字符号	英文名称
开关	S	Switch	电平开关	LVS	Level Switch
控制开关	CS	Control Switch	电磁开闭器	MS	Electromagnetic Switch
翻转开关	TS	Tumbler Switch	隔离开关	DS	Disconnecting Switch
旋转开关	RS	Rotary Switch	电力熔丝	PF	Power Fuse
切换开关	COS	Change-over Switch	断路器	CB	Circuit Breaker
紧急开关	EMS	Emergency Switch	油断路器	OCB	Oil Circuit Breaker
浮子开关	FLTS	Float Switch	空气断路器	ACB	Air Circuit Breaker
按钮	BS	Button Switch	吹弧断路器	ABB	Airblast Circuit Breaker
脚踏开关	FTS	Foot Switch	磁场断路器	FCB	Field Circuit Breaker
刀开关	KS	Knife Switch	磁性灭弧断路器	MBB	Magnetic Blow-out Circuit Breaker
限位开关	LS	Limit Switch	气体断路器	GCB	Gas Circuit Breaker
接近开关	PROS	Proximity Switch	高速断路器	HSCB	High-Speed Circuit Breaker
光电开关	PHOS	Photoelectric Switch	真空断路器	VCB	Vacuum Circuit Breaker
扭子开关	TGS	Toggle Switch	塑壳断路器	MCCB	Molded Case Circuit Breaker
电流表切换开关	AS	Ammeter Change-over Switch	电磁接触器	MC	Electromagnetic Contactor
电压表切换开关	VS	Voltmeter Change-over Switch	熔丝	F	Fuse

= 电阻的文字符号 =

名称	文字符号	英文名称	名称	文字符号	英文名称
电阻	R	Resistor	放电电阻	DR	Discharging Resistor
负载电阻	LDR	Loading Resistor	起动电阻	STR	Starting Resistor
可变电阻	RH	Rheostat	接地电阻	GR	Grounding Resistor

= 变压器的文字符号 =

名称	文字符号	英文名称	名称	文字符号	英文名称
变压器	T	Transformer	电流互感器	CT	Current Transformer
计量用电压互感器	VT	Voltage Transformer	零序电流互感器	ZCT	Zero-Phase-Sequence Current Transformer
计量用电压电流互感器	VCT	Combined Voltage and Current Transformer	升压器	BST	Booster

旋转机械、指示灯、半导体器件、逻辑器件和其他元件的文字符号

= 旋转机械的文字符号 =

名称	文字符号	英文名称	名称	文字符号	英文名称
发电机	G	Generator	直流发电机	DG	DC Generator
电动机	M	Motor	直流电动机	DM	DC Motor
电动发电机	MG	Motor-Generator	同步电动机	SM	Synchronous Motor
感应电动机	IM	Induction Motor	励磁机	EX	Exciter

= 指示灯的文字符号 =

名称	文字符号	英文名称	名称	文字符号	英文名称
指示灯	SL	Signal Lamp	橙色指示灯	OL	Signal Lamp Orange
蓝色指示灯	BL	Signal Lamp Blue	红色指示灯	RL	Signal Lamp Red
绿色指示灯	GL	Signal Lamp Green	白色指示灯	WL	Signal Lamp White
黄色指示灯	YL	Signal Lamp Yellow	无色透明指示灯	TL	Signal Lamp Transparency

= 半导体及逻辑器件的文字符号 =

名称	文字符号	英文名称	名称	文字符号	英文名称
二极管	D	Diode	逻辑非	NOT	Not
稳压二极管	ZD	Zener Diode	逻辑或	OR	Or
发光二极管	LED	Light-emitting Diode	逻辑与	AND	And
晶体管	TR	Transistor	逻辑或非	NOR	Nor
热敏电阻	THM	Thermistor	逻辑与非	NAND	Nand
晶闸管	THY	Thyristor	集成电路	IC	Integrated Circuit

= 其他元件的文字符号 =

名称	文字符号	英文名称	名称	文字符号	英文名称
电阻	R	Resistor	电池	B	Battery
电容	C	Capacitor	电热器	H	Heater
电感	L	Inductor	整流器	RF	Rectifier
铃	BL	Bell	送风机	BL	Blower
蜂鸣器	BZ	Buzzer	电磁阀	SV	Solenoid Valve
接地端子	ET	Earth Terminal	端子排	TB	Terminal Block

5-3 顺序图中文字符号的表示方法

1 文字符号和电气图形符号的记述例

❖ 在顺序图中，与元器件的图形符号相对应的文字符号的表示方法如下例所示。

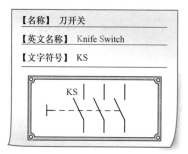

【名称】 刀开关

【英文名称】 Knife Switch

【文字符号】 KS

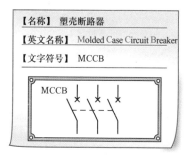

【名称】 塑壳断路器

【英文名称】 Molded Case Circuit Breaker

【文字符号】 MCCB

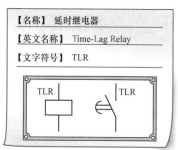

【名称】 延时继电器

【英文名称】 Time-Lag Relay

【文字符号】 TLR

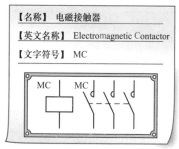

【名称】 电磁接触器

【英文名称】 Electromagnetic Contactor

【文字符号】 MC

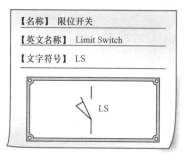

【名称】 限位开关

【英文名称】 Limit Switch

【文字符号】 LS

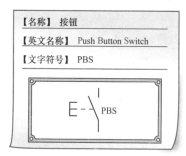

【名称】 按钮

【英文名称】 Push Button Switch

【文字符号】 PBS

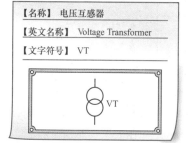

【名称】 电压互感器

【英文名称】 Voltage Transformer

【文字符号】 VT

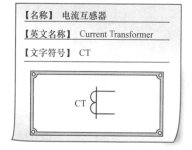

【名称】 电流互感器

【英文名称】 Current Transformer

【文字符号】 CT

【名称】　变压器

【英文名称】　Transformer

【文字符号】　T

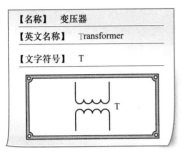

【名称】　二极管

【英文名称】　Diode

【文字符号】　D

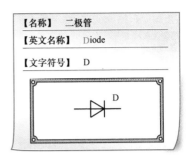

【名称】　铃

【英文名称】　Bell

【文字符号】　BL

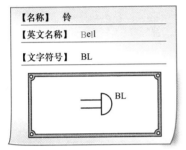

【名称】　蜂鸣器

【英文名称】　Buzzer

【文字符号】　BZ

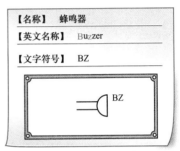

【名称】　电流表切换开关

【英文名称】　Ammeter Change-over Switch

【文字符号】　AS

【名称】　电压表切换开关

【英文名称】　Voltmeter Change-over Switch

【文字符号】　VS

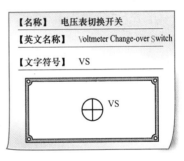

【名称】　熔丝

【英文名称】　Fuse

【文字符号】　F

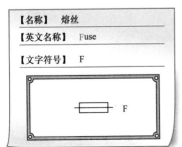

【名称】　感应电动机

【英文名称】　Induction Motor

【文字符号】　IM

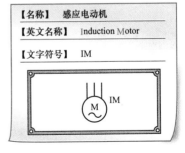

5-4 什么是控制元件序号

❖ 控制元件序号是由基本元件序号、辅助符号和辅助序号构成。

基本元件序号

❖**控制元件序号**是对 1 到 99 的数字，赋予其装置和元件的名称、用途、种类等意义，即用数字代表装置和元件。因为基本元件序号是一系列数字，很难直接联想到装置或元件的用途、功能等具体概念，所以有必要牢记这些规定。请参考本书末的附录(238~241 页)，在附录中将全部的基本元件序号和元件名称制作成一览表的形式。

〔例〕：断路器的基本元件序号

❖对于断路器而言，由于使用的主电路不同，有主机、辅机的不同情况，还有用于起动、运转等不同的场合，所以其基本元件序号有所区别。

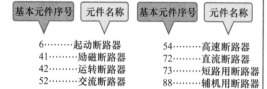

基本元件序号	元件名称	基本元件序号	元件名称
6	起动断路器	54	高速断路器
41	励磁断路器	72	直流断路器
42	运转断路器	73	短路用断路器
52	交流断路器	88	辅机用断路器

辅助符号

❖**辅助符号**只是在基本元件序号不能充分表示装置或元件的种类、用途、性质等情况时使用，原则上是采用电气用语的英文首字母。因为辅助符号是一个字母，可能有多种意义，所以在不同应用场合，表示的意义也有所不同(具体请参照 5-6 节：74 页)。

〔例〕：辅助符号"A"表示的内容

交流	Alternating Current	电流	Ampere	空气压力	Air Pressure
风动	Air Flow	自动	Automatic	模拟量	Analogue
空气压缩机	Air Compressor	空气	Air		
放大	Amplification	空气冷却器	Air Cooler		

控制元件序号和辅助符号的组合〔例〕

● 塑壳断路器 MCCB：用于交流控制电源的开闭器

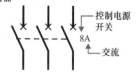

控制电源
开关
8A
交流

● 接触器 MC：用于冷却水泵的运转的接触器

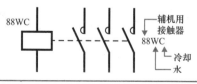

88WC
辅机用
接触器
88WC
冷却
水

5-5 控制元件序号的构成方式

① 基本元件序号的构成方式

❖ 在顺序图中，附加在电气图形符号上的控制元件序号，可以只使用基本元件序号，也可以采用 2 个基本元件序号组合的形式。

只使用基本元件序号的情况

❖ 如果只用基本元件序号就能反映该元件的用途时，则可以只使用基本元件序号。

2……起动或者闭路的延时继电器　　　　实现起动前或闭路前时间裕量的继电器

4……用于主控电路的控制器或继电器　　用于主控制电路开闭的元件

27……交流欠电压继电器　　　　　　　交流电压不足时动作的继电器

使用 2 个基本元件序号组合的情况

❖ 如果只用一个基本元件序号不能反映机器的用途时，可以追加一个可以与之组合的基本元件序号，在两个基本元件序号之间加上横线"-"。

基本元件序号		基本元件序号	元件名称
43 控制电路切换开关	——	95 频率继电器	频率继电器切换开关
3 操作开关	——	52 交流断路器	交流断路器用操作开关
7 调整开关	——	65 调速装置	调速装置用调整开关

控制元件序号及其组合〔例〕

● 起动延时继电器　　　　　　● 按钮用来作为交流断路器的操作开关

5-6 什么是辅助符号

1 辅助符号及其主要内容〔例〕

辅助符号	主要内容	英文名称	辅助符号	主要内容	英文名称
A	交流 自动 放大 空气 电流	Alternating Current Automatic Amplification Air Ampere	M	仪表 主 动力 电动机	Meter Main Motive Power Motor
B	断线 铃 电池 母线 制动	Breaking of Wire Bell Battery Bus Braking	N	中性 负极	Neutral Negative
			O	外部	Outer
C	通用 关闭 冷却 控制	Common Closing Cooling Control	P	泵 一次 正极 功率	Pump Primary Positive Power
D	直流 差动	Direct Current Differential	Q	油 无功功率	（Oil）习惯 （Reactive power）习惯
E	紧急 励磁	Emergency Excitation	R	复位 远程 接收 电阻 继电器	Reset Remote Receiving Resistor Relay
F	火灾 故障 熔丝 频率	Fire Fault Fuse Frequency	S	顺序 短路 二次	Sequence Short-circuit Secondary
G	对地短路 发电机 气体	Ground Fault Generator Gas	T	变压器 延时 跳闸 温度	Transformer Time-Lag Trip Temperature
H	室内 保持 电热器 高	House Hold Heater High	U	使用	Use
			V	电压 阀	Voltage Valve
I	内部	Internal	W	水 给水	Water Water Feeding
J	结合	Joint	X	辅助	——
K	三次	（Tertiary）习惯	Y	辅助	——
L	灯 低	Lamp Low	Z	蜂鸣器 辅助	Buzzer
			Φ	相	Phase

第6章

顺序图的画法

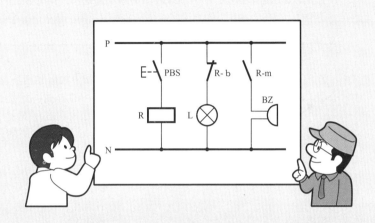

❖ 近来，使用复杂控制电路的各种装置越来越多，即使有了表示元件间具体连线的接线图、配线图，也很难理解该装置是如何控制、如何动作的，而且这种情况还在日益增加。

❖ 因此，需要一种简单易懂的表示控制方法、动作顺序的接线图，**顺序图**就是为此目的而量身定制的一种电路图。顺序图的表现方法与通常的接线图有很大差异，所以制定了顺序图作图的规定事项。这里就其主要的规定事项予以说明。

本章关键点

　　本章的目的是充分理解顺序图的画法特殊性和熟练掌握顺序图的作图方法。

1. 以按钮、电磁继电器和接触器为例，对顺序图中的电气符号的状态和作图的基本思路予以说明。

2. 利用具体的顺序图，对横向顺序图和纵向顺序图中的控制母线的画法、连接线的排列顺序等具体规定，做了详细说明。

3. 给出顺序图中连接线画法的规定和控制元件的排列方法。

1 顺序图画法

顺序图画法

❖ **顺序图**：对于复杂的控制电路，按照动作顺序，在容易理解的接线图中，省略了与元件机构相关联的部分，只把控制电路单独提取出来，按照动作的顺序依次排列。对于与元件相分离的部分，则由符号标示出隶属于哪个元件。

❖ 于是，顺序图的表现方法就与通常的接线图有很大的区别。如果不能充分理解顺序图作图的基本原则，不习惯顺序图的基本的画法，那么做出的顺序图将是很难理解的。因此，本章将详细说明顺序图的作图原则，请牢记其中的要点。

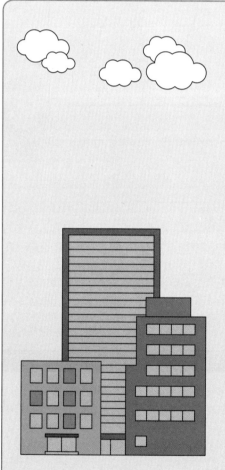

- 控制电源母线不是表示为电源图形符号的形式，而是采用电源导线的方式在顺序图的上下方用横线表示，或者在图的左右侧用纵线表示。
- 控制元件之间的连接线是在上下方的控制电源母线间用纵线表示，或者是在左右侧的控制电源母线间用横线表示。
- 连接线是按照动作的顺序，从左向右，或从上向下，顺次排列画出。
- 用电气图形符号表示控制元件时，用的是控制元件没有通电并且处于停止时的状态。
- 对于带有开闭触点的控制元件，省略其中的机构部分以及支撑、保护等与机构相关联的部分，只保留触点和线圈，并将触点和线圈及其连接线分离画出。
- 对于隶属于控制元件的分离的部分，要用表示控制元件名称的文字符号标记，或者添加控制元件的序号，标明其所属关系或关联关系。

6-2 开闭触点图形符号的状态

① 顺序图中手动操作触点的状态及其图形符号

❖ 在电气图形符号中，有按钮之类的由手动操作实现开闭的触点，也有像电磁继电器、电磁接触器之类的由电磁力实现开闭的触点。这些触点状态要根据是否实行手动操作或电源是否接通而发生改变。

❖ 因此，在利用顺序图表示这些带有开闭触点的元件时，这些触点的可动部分的位置代表着元件的怎样的状态呢？

这里开始介绍这方面的规定。

带有开闭触点元件的状态和图形符号的表示方法

❖ 在顺序图中用图形符号表示带有开闭触点的元件时，是采用元件和电路处于停止状态，即电源没有投入时的状态。

（1）手动操作的开闭触点是采用手离开操作位置时的状态。

（2）电磁操作的开闭触点是采用电源断开时的状态。

（3）需要复位的开闭触点是采用复位后的状态。

（4）需要控制的机器或电路是采用停止时的状态。

带有手动操作触点元件的状态和图形符号的表示方法   ● 按钮 ●

❖ 在顺序图中，对于按钮之类的由手动操作的元件，其触点状态是根据手没有触碰到操作部分时的触点状态来表示。

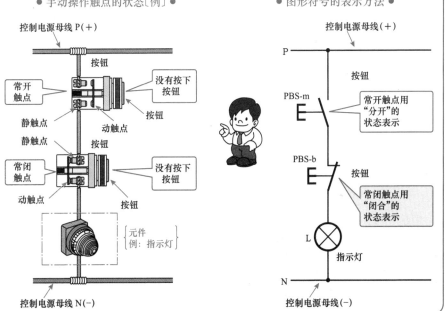

● 手动操作触点的状态〔例〕 ●   ● 图形符号的表示方法 ●

② 顺序图中电磁继电器的触点状态和图形符号

电磁继电器的触点状态和图形符号的表示方法

❖ 在顺序图中，对于电磁继电器、接触器、定时器之类由电磁能量驱动触点的元件，其开闭触点的图形符号是用**驱动部分的电源或其他能量处于断开时的状态**来表示。

❖ 通常，在顺序图中，特别是在没有指明触点状态时，例如在电路图中要画出与商用电源、电池、发电机等电源的连接时，电磁继电器等元件的开闭触点的图形符号采用其驱动部分的电源（或其他能量）处于断开时的状态来表示。

❖ 对于需要说明动作过程的顺序图，用驱动部分供电的状态表示继电器的开闭触点的图形符号，必须标明此时图面处于何种状态。

电源处于断开状态时的图形符号

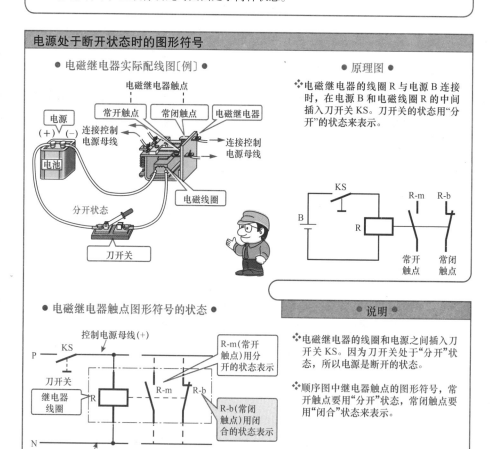

● 电磁继电器实际配线图〔例〕 ●

● 原理图 ●

❖电磁继电器的线圈 R 与电源 B 连接时，在电源 B 和电磁线圈 R 的中间插入刀开关 KS。刀开关的状态用"分开"的状态来表示。

● 电磁继电器触点图形符号的状态 ●

● 说明 ●

❖电磁继电器的线圈和电源之间插入刀开关 KS。因为刀开关处于"分开"状态，所以电源是断开的状态。

❖顺序图中继电器触点的图形符号，常开触点要用"分开"状态，常闭触点要用"闭合"状态来表示。

图解顺序控制电路　**入门篇**（原书第 4 版）

动作过程中顺序图的图形符号

● 动作过程中的顺序图〔例〕●   ● 动作顺序的说明 ●

❖在电源和电磁继电器的线圈之间插入的刀开关 KS"闭合"时的顺序图如下图所示。

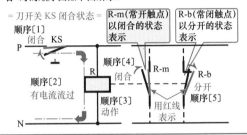

= 刀开关 KS 闭合状态 =

顺序[1]
闭合 KS

R-m(常开触点)以闭合的状态表示

R-b(常闭触点)以分开的状态表示

顺序[2]
有电流流过

顺序[4]
闭合 R-m

顺序[3]
动作

R-b
分开
顺序[5]
用红线表示

<顺序>

[1] 合上刀开关

[2] 继电器的电磁线圈 R□ 中有电流流过。

[3] 电磁线圈 R□ 中流过电流，继电器动作。

[4] 电磁继电器动作，其常开触点闭合。

[5] 电磁继电器动作，其常闭触点分开。

电源连接时的图形符号

❖在绘制电源已经连接的顺序图时，要注意不要与"说明动作过程的顺序图"的图形符号的表示方法混同。

● 电磁继电器的实际接线图〔例〕●

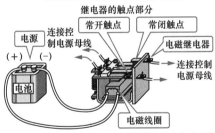

继电器的触点部分
常开触点　常闭触点
连接控制电源母线
电源
（+）（−）
电池
电磁继电器
连接控制电源母线
电磁线圈

● 原理图 ●

❖继电器的电磁线圈 R□ 和电源 B 直接连接。

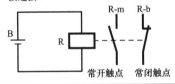

R-m　R-b

B
R
常开触点　常闭触点

❖在顺序图中，继电器触点图形符号的状态与电磁线圈和电源之间插入的刀开关处于"分开"时的状态完全相同。

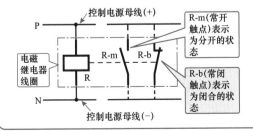

控制电源母线(+)

P

R-m(常开触点)表示为分开的状态

电磁继电器线圈
R-m　R-b
R

R-b(常闭触点)表示为闭合的状态

N

控制电源母线(−)

● 说明 ●

❖电源直接连接到电磁继电器的线圈 R□ 时，实际上电磁继电器已经动作。但是，在顺序图中的继电器触点图形符号仍沿用电源处于断开时的状态，也就是常开触点为"分开"，常闭触点为"闭合"。

❖也就是说，继电器触点的状态与线圈是否连接到控制电源母线无关，无论继电器线圈是否通电，继电器触点状态的表示方法完全相同。

6-3 电磁继电器、接触器的表示方法

1 顺序图中电磁继电器的表示方法

顺序图中带有开闭触点的元件的表示方法

❖ 在顺序图中为了表示"带有开闭触点的元件"时，省略了元件的动作机构以及与支撑、保护等机构相关联的部分，**只用单独的触点、电磁线圈的电气图形符号表示**。顺序图中的电磁线圈和各个触点的连接线也是各自独立的。

❖ 在顺序图中，电磁继电器、接触器等元件中的触点和电磁线圈是分别画出的。它们的连接线也是各自分开的。因此，需要在它们的电气图形符号上添加表示元件名称的文字符号和控制元件的序号，以便说明它们之间的关系。

❖ 电磁继电器只用电磁线圈和触点的电气图形符号来表示；接触器只用电磁线圈、主触点和辅助触点的电气图形符号来表示。顺序图中的电磁线圈、各个触点的连接线也是各自独立的。

顺序图中的电磁继电器的表示方法

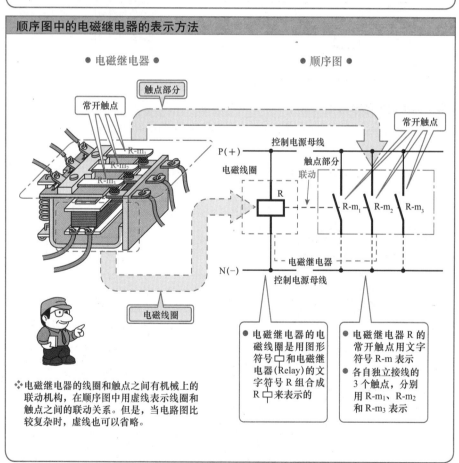

由电磁继电器构成的亮灯电路　　　●电磁继电器的表示方法〔例〕●

❖ 这是一个由继电器控制灯亮的电路，电磁继电器的 3 个常开触点 R-m$_1$、R-m$_2$ 和 R-m$_3$ 分别与红灯（RL）、绿灯（GL）和蓝灯（BL）相连，按下按钮 PBS$_{ON}$ 后，电磁继电器动作，3 盏灯同时点亮。

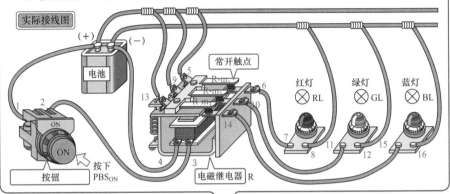

实际接线图

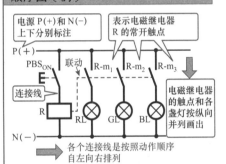

顺序图〔例〕

❖ 用横线表示直流电源 P(+)、N(−) 的控制电源母线，分别画在图面的上下方。
　P：Positive（正极）　N：Negative（负极）
❖ 在控制电源母线间用纵线画出按钮 PBS$_{ON}$ 和电磁线圈 R □ 的连接线。
❖ 电磁继电器的常开触点
　R-m$_1$ 与红灯 RL⊗的连接线、
　R-m$_2$ 与绿灯 GL⊗的连接线、
　R-m$_3$ 与蓝灯 BL⊗的连接线、
分别用纵线画在上下控制电源母线之间。

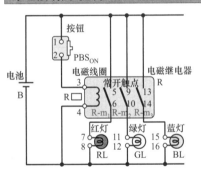

原理接线图〔例〕

❖ 上图是具体描述电磁继电器的线圈以及 3 个常开触点在机械上相关联的原理接线图。继电器线圈和按钮构成电气回路，3 个触点和 3 盏灯分别构成电气回路。在重视机械关联的原理接线图中，需要使用很多折线才能画出电路图。由此可见，顺序图对于动作的描述更加简明易懂。

由接触器构成的电动机起动控制　　　　●接触器的表示方法〔例〕●

❖ 以三相感应电动机起动控制方式之一的"直接起动法"为例,介绍接触器在顺序
图中的表示方法。

由接触器构成的三相感应电动机直接起动法的实际接线图

❖ 把电动机连接到接触器的 3 个常开主触点,把红灯(表示"运转")和绿灯(表示
"停止")连接到接触器的辅助触点。另外再将按钮连接到接触器的电磁线圈,这
样就可以实现起停操作控制了。

　　注:该实际接线图是为了简要说明接触器在顺序图中的表示方法,对电路做了一
　　些简化。对于实际应用的电动机直接起动控制方法,请参照 8-3 节"电动机的起
　　动控制"(135 页~142 页)。

　　● 三相感应电动机的直接起动方法的实际接线图〔例〕●

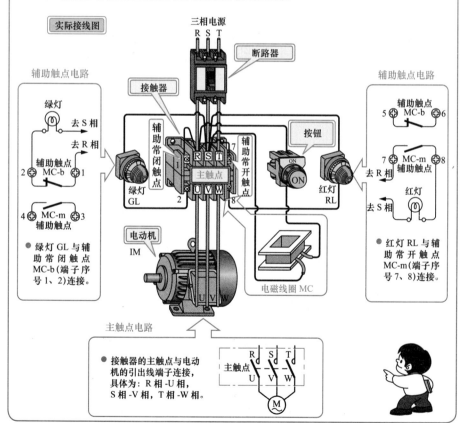

顺序图中接触器的表示方法

❖ 在顺序图中表示接触器时，要将静铁心、动铁心、弹簧和注塑外壳等机构部分和支撑、保护等与机械关联的部分全部省略，只留下电磁线圈、主触点和辅助触点。对于顺序图中的电气图形符号，要加注文字符号，并将各个连接线分开画出。

顺序图的画法

❖ 电动机主电路引出线与接触器 MC 的主触点相连接。

❖ 从电动机主电路中的两相（例 R 相、S 相）引出控制电源母线，在顺序图的上下方用横线表示。

❖ 在上下控制电源母线之间，用纵线连接按钮 PBS$_{ON}$ 和接触器的电磁线圈 MC □。

❖ 在上下控制电源母线之间，用纵线连接接触器的辅助常闭触点 MC-b 和绿灯 GL $\otimes$。

❖ 在上下控制电源母线之间，用纵线连接接触器的辅助常开触点 MC-m 和红灯 RL $\otimes$。

● 顺序图〔例〕●

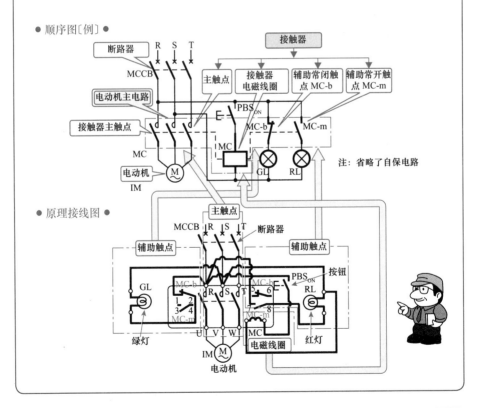

● 原理接线图 ●

6-4 顺序图的纵向画法和横向画法

1 纵向顺序图的画法

❖ 在绘制顺序图时，有两种基准画法：一种是以连接线内信号流的方向作为基准的画法，另一种是以控制电源母线作为基准的画法。

- 在**信号流作为基准**的画法中，当连接线内的信号流的方向为纵向时，称为"纵向画法"；当连接线内的信号流的方向为横向时，称为"横向画法"。
- 在**控制电源母线作为基准**的画法中，当控制电源母线在图面的上下方并且用横线表示时，称为"横向画法"；当控制电源母线在左右侧并且用纵线表示时，称为"纵向画法"。
- 在顺序图中，有以信号流作为基准的画法和以控制电源母线作为基准的画法，二者的"纵向画法"和"横向画法"是相反的，这一点必须引起注意。

纵向顺序图的画法〔例〕　　　　　　　　　　　● 信号流作为基准 ●

❖ 以信号流为基准的纵向顺序图如下图所示，其中连接线内的大部分信号是由上至下纵向流动的。

> (1) 在图面中，控制电源母线画成位于图面上下方的"横线"。
> (2) 连接线画成上下方向，即画在上下控制电源母线之间，用"纵线"表示。
> (3) 连接线基本上是按照动作顺序"从左向右"依次画出。

〔例〕电动机的起动控制

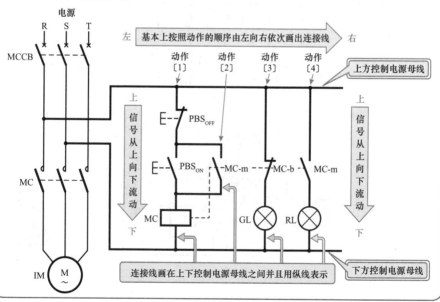

横向顺序图的画法〔例〕 ● 信号流作为基准 ●

❖ 以信号流为基准的横向顺序图如下图所示,其中连接线内的大部分信号是从左向右横向排列的。

> (1) 在图面中,控制电源母线画成位于图面左右侧的"纵线"。
> (2) 连接线画成左右方向,即画在左右控制电源母线之间,用"横线"表示。
> (3) 连接线基本上按照动作顺序"从上向下"依次画出。

〔例〕电动机的起动控制

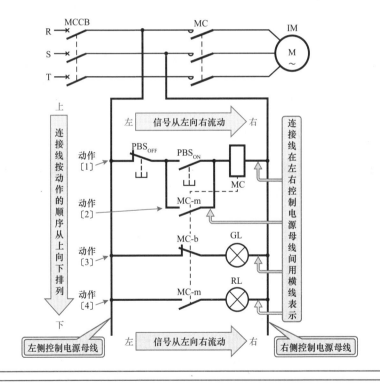

❖ "电动机的起动控制"顺序图的纵向画法和横向画法的接线图和动作顺序详细描述,请参照 8-3 节(135~142 页)

1　直流控制电源母线表示方法

直流控制电源母线表示方法〔例〕 ● 信号流作为基准 ●

❖ 在顺序图中，控制电源母线并不是用单独的电源的图形符号来表示，而是画成电源导线的形式。

❖ 在以信号流为基准的纵向顺序图中，直流控制电源母线的正（+）极性的 P 母线画在图面的"上方"，负（−）极性的 N 母线画在图面的"下方"，并用横线表示。

❖ 在以信号流为基准的横向顺序图中，直流控制电源母线的正（+）极性的 P 母线画在图面的"左侧"，负（−）极性的 N 母线画在图面的"右侧"，并用纵线表示。

纵向顺序图

● 控制电源母线用上下方的"横线"表示

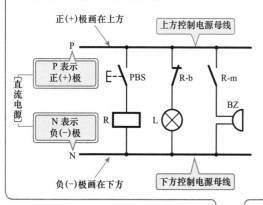

正(+)极画在上方　　上方控制电源母线

P 表示正(+)极

〔直流电源〕

N 表示负(−)极

负(−)极画在下方　　下方控制电源母线

文字符号

PBS ： 按钮
R ： 电磁继电器的电磁线圈
L ： 灯
BZ ： 蜂鸣器
R-m ： 电磁继电器的常开触点
R-b ： 电磁继电器的常闭触点

● 控制电源母线用上下方的"横线"表示
　直流电源用 P、N 表示
　{ 正(+)极：画在上方(符号 P)
　{ 负(−)极：画在下方(符号 N)
　　　P: Positive(正)
　　　N: Negative(负)

横向顺序图 ● 动作顺序说明 ●

● 控制电源母线用左右侧的"纵线"表示

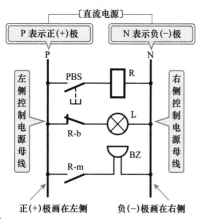

〔直流电源〕

P 表示正(+)极　　N 表示负(−)极

左侧控制电源母线　　右侧控制电源母线

正(+)极画在左侧　　负(−)极画在右侧

❖按下按钮，其触点闭合，电磁继电器 R 的电磁线圈 R ▨ 有电流流过，继电器动作。

❖电磁继电器 R 动作，其常闭触点 R-b 分开，灯 L ⊗ 熄灭。

❖电磁继电器 R 动作，其常开触点 R-m 闭合，蜂鸣器 BZ 通电鸣响

● 控制电源母线用左右侧的"纵线"表示。
　直流电源用 P、N 表示
　{ 正(+)极：画在左侧(符号 P)
　{ 负(−)极：画在右侧(符号 N)
　　　P: Positive(正)
　　　N: Negative(负)

② 交流控制电源母线的表示方法

交流控制电源母线的表示方法〔例〕　　　　● 信号流作为基准 ●

❖ 在以信号流为基准的纵向顺序图中，交流控制电源母线是用交流电源 R 相、S 相或 T 相 3 相中的 2 相作为上方和下方的控制电源母线，并用"横线"表示。

❖ 在以信号流为基准的横向顺序图中，交流控制电源母线是用交流电源 R 相、S 相或 T 相 3 相中的 2 相作为左侧和右侧的控制电源母线，并用"纵线"表示。

纵向顺序图　　　　　　　　　　　　　　　　　　　　**横向顺序图**

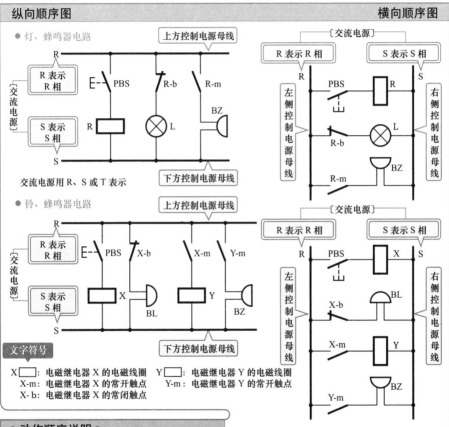

● 动作顺序说明 ●

❖ 在上图下栏的铃和蜂鸣器电路的顺序图中，按下按钮 PBS，其触点闭合，电磁继电器 X 的电磁线圈 X▭ 通电，继电器动作。

❖ 电磁继电器 X 动作，其常闭触点 X-b 分开，铃 BL 停止响铃。

❖ 电磁继电器 X 动作，其常开触点 X-m 闭合，电磁继电器 Y 的电磁线圈 Y▭ 通电，继电器动作。

❖ 电磁继电器 Y 动作后，其常开触点 Y-m 闭合，蜂鸣器鸣响。

6-6 顺序图中连接线的画法

1 关于连接线画法的规定

关于连接线画法的规定　　　　　　　　　　　●信号流作为基准●

❖ 对于顺序图中的连接线，在纵向顺序图中是用控制电源母线间的"纵线"表示；在横向顺序图中是用控制电源母线间的"横线"表示。

　(1) 与连接线相连接的元件、对于其中带有开闭触点和电磁线圈的元件，要省略其结构和机械方面的联动关系，只用电气图形符号表示触点和线圈。

　(2) 控制电源母线间的连接线要尽量使用直线，在纵向画法中尽量不要出现上下往复的折线，在横向画法中尽量不要出现左右往复的折线。

　(3) 在纵向画法时，连接线不要与横线交叉；在横向画法时，连接线不要与纵线交叉，尽量不要画成迂回线。

顺序图连接线的画法

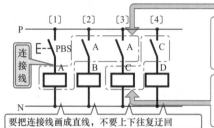

连接线(2)和(3)中的触点 A 是连接线(1)中的线圈 A▢的联动触点，这里省略了其间的机械联动关系。触点的图形符号不要与线圈 A▢画在同一水平位置

连接线(4)中的触点 C 是连接线(3)中的线圈 C▢的联动触点，这里省略了其间的机械联动关系。触点的图形符号不要与线圈 C▢画在同一水平位置

要把连接线画成直线，不要上下往复迂回

注:A、B、C 和 D 分别表示四个独立的电磁继电器。

不推荐的画法

❖ 图 (a) 违反了上述规定 (1)，为了考虑控制元件在机械结构方面的联动关系，强行将电磁继电器 A 的线圈 A▢和 2 个触点 A 画在同一水平位置；把电磁继电器 C 的线圈 C▢和触点 C 画在同一水平位置。这将使电磁线圈 D▢要画在更下面的位置。如此下去，随着继电器数量增加，位置不断下移，使得顺序图在纵向变得很长，而且增加了读图的难度。另外，如顺序图图 (b) 所示，为了缩短连接线，将连接线向上曲折，后面的连接线也要跟着迂回曲折，这样做违反了规定 (2)，而且图面也不美观。

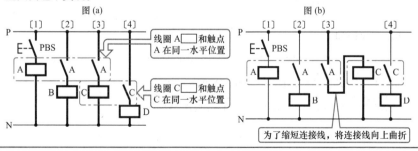

图 (a)　　　　　　　　　　　　　　　　　图 (b)

线圈 A▢和触点 A 在同一水平位置

线圈 C▢和触点 C 在同一水平位置

为了缩短连接线，将连接线向上曲折

1 文字符号、控制元件序号在顺序图中的表示方法

❖ 本节用文字符号和控制元件序号画出电动机延时控制的顺序图。接触器的文字符号为 MC，交流接触器的控制元件序号为 52。塑壳断路器的文字符号为 MCCB，控制元件序号为 1。定时器的文字符号为 TLR，控制元件序号为 2。按钮的文字符号为 PBS，控制元件序号为 3-52。

❖ 另外，有关电动机延时控制实际装置的内容和顺序控制的动作将在 10-1 节（170页）做详细描述。

由文字符号表示的顺序图〔例〕

● 电动机的延时控制 ●

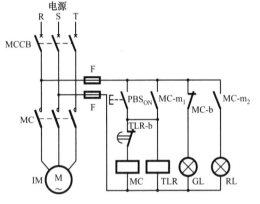

文字符号

MCCB	：塑壳断路器
MC ▢	：交流接触器的电磁线圈
MC	：交流接触器的主触点
MC-m_1 MC-m_2	：交流接触器的辅助常开触点
MC-b	：交流接触器的辅助常闭触点
TLR ▢	：定时器驱动部分
TLR-b	：定时器延时动作常闭触点
PBS$_{ON}$	：起动用按钮
F ▭	：熔丝
IM Ⓜ	：三相感应电动机
GL ⊗	：绿灯
RL ⊗	：红灯

由控制元件序号表示的顺序图〔例〕

● 电动机的延时控制 ●

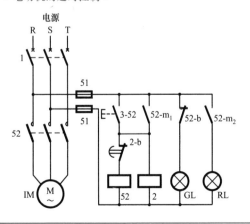

控制元件序号

1	：主控制开闭器(电源开关)
52 ▢	：交流接触器的电磁线圈
52	：交流接触器的主触点
52-m_1 52-m_2	：交流接触器的辅助常开触点
52-b	：交流接触器的辅助常闭触点
2 ▢	：起动延时继电器的驱动部分
2-b	：起动延时继电器的延时动作常闭触点
3-52	：交流接触器用操作开关
51 ▭	：熔丝
IM Ⓜ	：三相感应电动机
GL ⊗	：绿灯
RL ⊗	：红灯

例1 三相感应电动机的正反转控制电路图

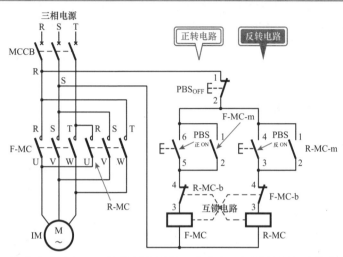

❖ 有关三相感应电动机正反转控制实际装置的内容和顺序控制的动作将在 11-1 节（198 页）做详细解说。

例2 三相感应电动机的星–三角减压起动控制电路图

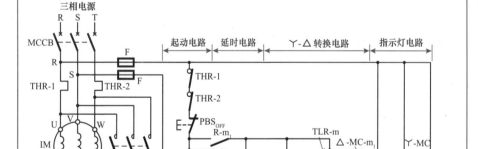

❖ 有关三相感应电动机的星 - 三角减压起动控制实际装置的内容和顺序控制的动作将在 11-2 节（218 页）做详细解说。

第7章

顺序控制基本电路的读图方法

❖ 如同象棋和围棋都有一些基本定式那样，顺序控制也有其基本电路，如 NOT 电路、AND 电路、OR 电路、自保电路、互锁电路等，可以说是由这些基本电路的组合构成了顺序控制的电路。因此要牢记这些基本电路，达到不看图样也应能熟练地默画出来，这对理解掌握顺序控制技术是非常重要的。

❖ 最近以集成电路（IC：Integrated Circuit）为核心的半导体器件构成的无触点继电器已经得到广泛应用，所以掌握无触点继电器电路的工作原理是非常必要的。

❖ **逻辑电路和逻辑代数**是顺序控制技术的基础知识之一，在计算机被广泛应用的今天，可以说这是使用机会很多的基础知识。

本章关键点

1. 本章的关键点是电磁继电器的动作电路和复位（NOT）电路，请务必掌握其顺序动作的基本点。

2. 对于触点的串联电路和并联电路，以采用按钮和采用电磁继电器的两种电路为例，通过两种电路的比较，可以清楚地看出，两种电路的动作原理基本相同。

3. 自锁电路和互锁电路难度较大，务必理解其电路的目的及工作原理。

4. 本章对无触点继电器电路和电磁继电器电路进行对比和解释，务必掌握其动作原理。

5. 只有充分理解基本逻辑电路中的逻辑与（AND）、逻辑或（OR）、逻辑非（NOT）、逻辑与非（NAND）、逻辑或非（NOR）等电路的意义，才能够读懂更为复杂的逻辑电路图。

7-1 动作电路和复位电路的读图方法

1 动作电路的动作和时序

什么是动作电路

❖**动作电路**: 如果电磁继电器 X 动作，则电磁线圈 Y 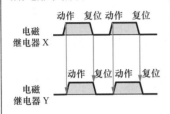 中就会有电流流过，使电磁继电器 Y 动作。如果电磁继电器 X 复位，电磁继电器 Y 也复位。这种电路是顺序控制中最基本的电路。

动作电路的时序图

动作电路的实际接线图〔例〕

❖电磁继电器 X 的常开触点 X-m 和电磁继电器 Y 的线圈 Y □ 串联连接。

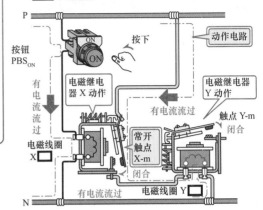

电磁继电器 X 动作时 ● 动作说明 ●

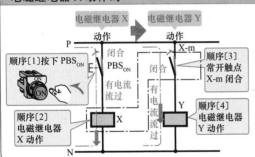

❖ 电磁继电器 X 动作后，电磁继电器 Y 动作。

顺序
〔1〕按下按钮 PBS_ON，其常开触点闭合。
〔2〕电磁线圈 X □有电流流过，电磁继电器 X 动作。
〔3〕电磁线圈 X 动作后，其常开触点 X-m 闭合。
〔4〕常开触点 X-m 闭合后，电磁线圈 Y □有电流流过，电磁继电器 Y 动作。

电磁继电器 X 复位时 ● 动作说明 ●

❖ 电磁继电器 X 复位后，电磁继电器 Y 复位。

顺序
〔1〕按下按钮 PBS_ON 的手放开，其常开触点分开。
〔2〕电磁线圈 X □断电，电磁继电器 X 复位。
〔3〕电磁继电器 X 复位后，其常开触点 X-m 分开。
〔4〕常开触点 X-m 分开，则电磁线圈 Y □断电，电磁继电器 Y 复位。

❷ 复位电路（NOT 电路）的动作和时序图

什么是复位电路（NOT 电路）

❖ **复位电路**：如果电磁继电器 X 动作，其常闭触点分开，则电磁继电器 Y 的动作电路被断电而复位。如果电磁继电器 X 复位，其常闭触点闭合，则电磁继电器 Y 因动作电路通电而动作，这种动作关系的电路叫作复位电路。

❖ 复位电路是当电磁继电器 X 动作时，电磁继电器 Y 复位。电路中两个继电器做着相反的动作，这个动作具有"否定"的意义，所以这个电路也叫作"NOT 电路"。

复位电路的时序图

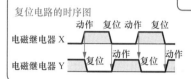

复位电路的实际接线图〔例〕

❖ 电磁继电器 X 的常闭触点 X-b 和电磁继电器 Y 的线圈 Y□ 串联连接。

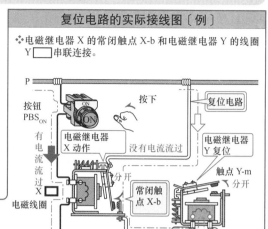

电磁继电器 X 动作时   ● 动作说明 ●

❖ 电磁继电器 X 动作后，电磁继电器 Y 复位。

顺序

〔1〕按下按钮 PBS_ON，其常开触点闭合。

〔2〕电磁线圈 X□ 有电流流过，电磁继电器 X 动作。

〔3〕电磁继电器 X 动作，其常闭触点 X-b 分开。

〔4〕常闭触点 X-b 分开，电磁线圈 Y□ 断电，电磁继电器 Y 复位。

电磁继电器 X 复位时   ● 动作说明 ●

❖ 电磁继电器 X 复位后，电磁继电器 Y 动作。

顺序

〔1〕按下按钮 PBS_ON 的手放开后，常开触点分开。

〔2〕电磁线圈 X□ 断电，电磁继电器 X 复位。

〔3〕电磁继电器 X 复位，其常闭触点 X-b 闭合。

〔4〕常闭触点 X-b 闭合，则电磁线圈 Y□ 有电流流过，电磁继电器 Y 动作。

第 7 章　顺序控制基本电路的读图方法　　**93**

7-2 触点串联电路的读图方法

1 常开触点的串联（AND）电路的动作

常开触点的串联电路 ● AND 电路 ●

❖ 多个常开触点串联的电路称为 "AND 电路"（逻辑与）。

❖ 在常开触点串联的 "AND 电路" 中，只有当触点 A 和触点 B 两者都闭合时，才能有电流流过，则电磁继电器 X 动作。只有在 A 与 B 逻辑与（AND）这一条件成立，继电器才能动作，所以把这样的电路称为 "AND 电路"。

❖ 在多个常开触点串联的电路中，只有全部常开触点都闭合时，电路才能导通，才能有电流流过。

由按钮构成的常开触点串联电路 ● AND 电路 ●

❖ 把 2 个带有常开触点的按钮 A 和 B 串联连接，再与电磁继电器 X 的电磁线圈 X□ 连接。

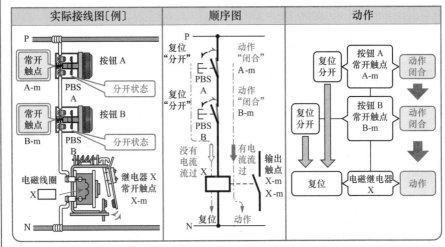

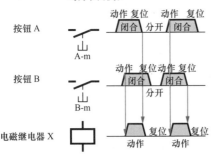

时序图〔例〕

● 动作说明 ●

顺序

〔1〕按下按钮 A，其常开触点 A-m 闭合。

〔2〕接着按下按钮 B，其常开触点 B-m 闭合。

〔3〕与触点 B-m 闭合的同时，电磁继电器 X 具备了动作的条件，因有电流流过，电磁继电器 X 动作。

〔4〕按下按钮 A 的手放开后，开关复位，触点 A-m 分开。

〔5〕触点 A-m 分开的同时，电磁继电器 X 因线圈断电而复位（使常开触点 B-m 分开，也是相同的结果）。

由电磁继电器构成的触点串联电路 ● AND 电路 ●

❖ 将电磁继电器 A 的常开触点 A-m 和电磁继电器 B 的常开触点 B-m 串联连接，然后再与电磁继电器 X 的电磁线圈 X□ 连接，这就是 AND 电路（逻辑与）。

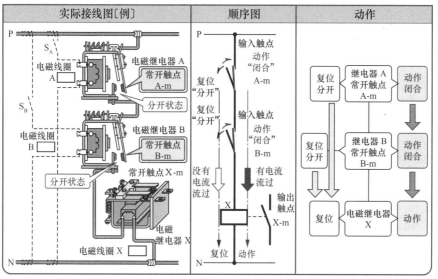

实际接线图〔例〕	顺序图	动作

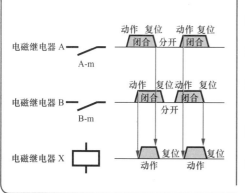

〈时序图〔例〕〉

● 动作说明 ●

顺序

〔1〕 合上开关 S_A，电磁继电器 A 动作，常开触点 A-m 闭合。

〔2〕 接着合上开关 S_B，电磁继电器 B 动作，常开触点 B-m 闭合。

〔3〕 触点 B-m 闭合的同时，电磁继电器 X 具备动作条件：因线圈中有电流流过，电磁继电器 X 动作。

〔4〕 分开开关 S_A，电磁继电器 A 复位，常开触点 A-m 分开。

〔5〕 常开触点 A-m 分开的同时，电磁继电器 X 因线圈断电而复位（使常开触点 B-m 分开也是相同的结果）。

AND 的条件

❖ 电磁继电器 X 的输出触点 X-m 闭合的条件是输入触点 A 和 B 都闭合，这里把输入条件都成立称为 "AND 条件"，把只有 AND 的条件成立才有输出信号的电路称为 "AND 电路"（逻辑与）。

② 常闭触点串联（NOR）电路的动作

由按钮构成的常闭触点串联电路 ● NOR 电路 ●

❖ 由多个常闭触点串联连接的电路称为"NOR 电路"（逻辑或非）。如果该电路中任意一个常闭触点动作而分开，电路就断开，没有电流流过。

❖ 将 2 个有常闭触点的按钮 C 和 D 串联连接，再与电磁继电器 X 的电磁线圈 X□连接。

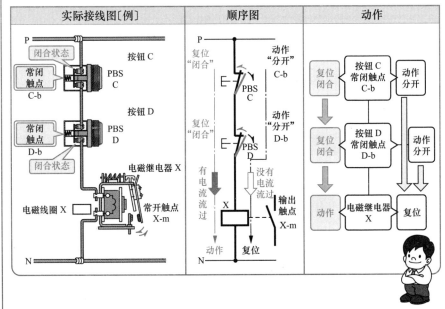

实际接线图〔例〕	顺序图	动作

〈时序图〔例〕〉

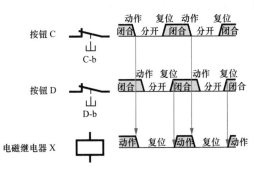

● 动作说明 ●

顺序

〔1〕 当按钮 C 和 D 都处于未按下复位状态时，常闭触点 C-b 和常闭触点 D-b 为闭合状态，电磁线圈 X□中有电流流过，电磁继电器 X 动作。

〔2〕 如果按钮 C 和 D 其中的任意一个被按下动作后，触点 C-b 或 D-b 分开，电磁继电器 X 的动作电路就会断电，电磁继电器 X 复位。

❖ 对于带有常闭触点的按钮串联电路，如果按下其中的任意一个按钮（如 C 或 D）电磁继电器 X 就会复位。这种电路可以用于在多处（如 2 处）控制电路的"停止"。

❖ 把电磁继电器 C 的常闭触点 C-b 和电磁继电器 D 的常闭触点 D-b 串联连接，再与电磁继电器 X 的电磁线圈 X□ 连接，这就是 NOR 电路（逻辑或非）。

实际接线图〔例〕	顺序图	动作

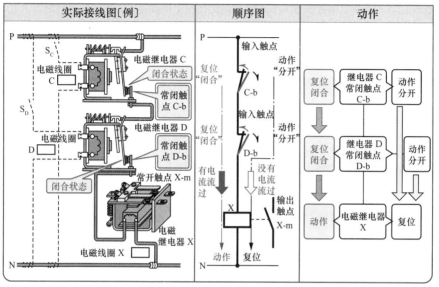

〈时序图〔例〕〉

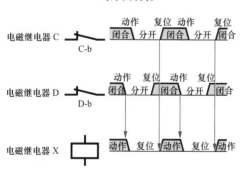

● 动作说明 ●

顺序

〔1〕 当开关 S_C 和 S_D 分断，电磁继电器 C 和 D 都在复位状态，触点 C-b 和触点 D-b 均为闭合状态，则电磁线圈 X□ 有电流流过，电磁继电器 X 动作。

〔2〕 当合上开关 S_C 或 S_D，使电磁继电器 C 或 D 其中的一个动作，常闭触点 C-b 或常闭触点 D-b 其中的一个分开，则电磁继电器 X 的动作电路被断开而没有电流流过，电磁继电器 X 复位。

NOR 电路 ● 常闭触点的串联电路 ●

❖ 在常闭触点串联电路中，当任意一个输入信号动作，输入触点分开，则电磁继电器复位，输出信号为零。这里把或（OR）的条件（参照 100 页）取反（NOT）输出的电路称为 NOR（NOT OR）电路（逻辑或非）。

由按钮的常开触点、常闭触点构成的串联电路 ● 禁止电路 ●

❖ 对于由常开触点和常闭触点串联构成的电路，当常开触点动作时，是电路闭合；但当常闭触点动作时，是触点分开，电路不构成通路，所以没有电流流过。

❖ 把带有常开触点的按钮 E 和有常闭触点的按钮 F 串联连接，再与电磁继电器 X 的电磁线圈 X□ 连接。

❖ 按下按钮 E 时触点闭合，再按下按钮 F 时，其触点分开，电磁线圈 X□ 没有电流而不能动作，也就是说电磁继电器 X 的动作被禁止了。所以把该电路称为**禁止电路**。

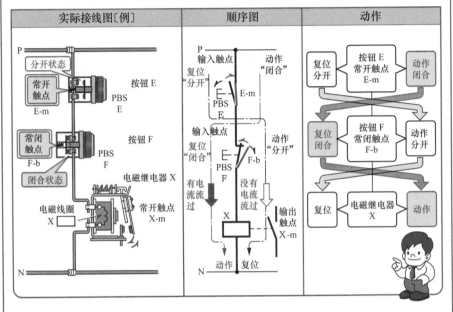

实际接线图〔例〕	顺序图	动作

〈时序图〔例〕〉

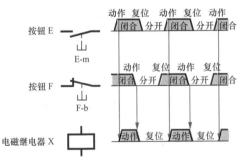

● 动作说明 ●

顺序

〔1〕 按下按钮 E，常开触点 E-m 闭合，而按钮 F 没有被按下是复位状态，其常闭触点 F-b 是闭合状态，因此电磁线圈 X ▇ 中有电流流过，电磁继电器 X 动作。

〔2〕 即使在按钮 E 被按下，常开触点 E-m 为闭合状态下，只要按下按钮 F，其常闭触点 F-b 分开，电磁继电器 X 没有电流为复位状态，动作被禁止。

由电磁继电器的常开触点和常闭触点构成的串联电路　　●禁止电路●

❖ 把电磁继电器 E 的常开触点 E-m 和电磁继电器 F 的常闭触点 F-b 串联连接，再与电磁继电器 X 的电磁线圈 X□ 连接。

实际接线图〔例〕	顺序图	动作

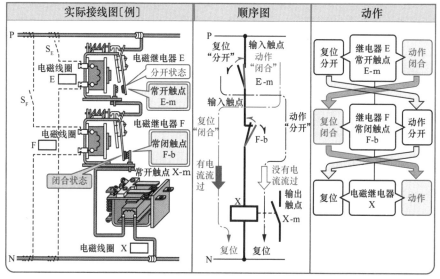

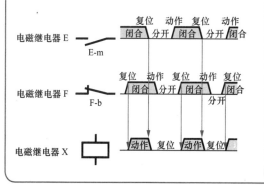

〈时序图〔例〕〉

● 动作说明 ●

顺序

〔1〕 当合上开关 S_E，使电磁继电器 E 动作，其常开触点 E-m 闭合。此时如果电磁继电器 F 为复位状态，其常闭触点 F-b 为闭合状态，则电磁线圈 X■ 有电流流过，电磁继电器 X 动作。

〔2〕 即使电磁继电器 E 动作，其常开触点 E-m 闭合。如果电磁继电器 F 动作，其常闭触点 F-b 分开，则电磁继电器 X 因电磁线圈 X□ 没有电流而复位，动作被禁止。

常开触点和常闭触点的串联电路　　●禁止电路●

❖ 在常开触点和常闭触点串联的电路中，即使输入信号的常开触点动作而闭合，但是，如果常闭触点也因动作而分开，则电磁继电器 X 复位，输出触点（常开触点）分开，输出信号为零。把常闭触点的输入信号称为禁止输入信号，这种电路称为**禁止电路**。

第 7 章　顺序控制基本电路的读图方法　　99

7-3 触点并联电路的读图方法

① 常开触点的并联（OR）电路的动作

常开触点的并联电路 ●OR 电路●

❖ 多个常开触点并联连接的电路称为"**OR 电路**"（逻辑或）。

❖ 在"OR"电路中，当触点 A 或触点 B 中的任意一个触点闭合时，电磁继电器 X 就动作。在这个 A "或（OR）" B 动作的条件下，电磁继电器 X 随之动作，所以称这种电路为"OR 电路"。在多个常开触点并联连接的电路，其中的任意一个常开触点动作闭合后，电路就会导通，有电流流过。

由按钮构成的常开触点并联电路 ●OR 电路●

❖ 把 2 个有常开触点的按钮 A 和 B 并联连接，再与电磁继电器 X 的电磁线圈 X□连接。

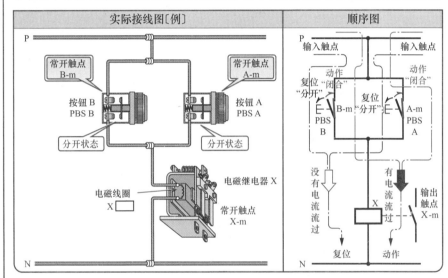

| 实际接线图〔例〕 | 顺序图 |

● 动作说明 ●

顺序

〔1〕按下按钮 A 或 B，常开触点 A-m 或常开触点 B-m 闭合，电磁线圈 X █ 有电流流过，电磁继电器 X 动作。

〔2〕只有当按钮 A 和 B 二者都复位，触点 A-m 和触点 B-m 都分开，才能使电磁线圈 X□没有电流流过，电磁继电器 X 复位。

OR 的条件

❖ 电磁继电器 X 的输出触点 X-m 闭合的条件是输入触点 A 或者（OR）B 二者当中的任意一个闭合。这里把输入条件中的任意一个成立称为"**OR 条件**"，由 OR 条件控制输出信号输出的电路称为"**OR 电路**"（逻辑或）。

由电磁继电器常开触点构成的并联电路　　　　● OR 电路 ●

❖ 把电磁继电器 A 的常开触点 A-m 和电磁继电器 B 的常开触点 B-m 并联连接，再
与电磁继电器 X 的电磁线圈 X□ 连接，这就是 OR 电路（逻辑或）。

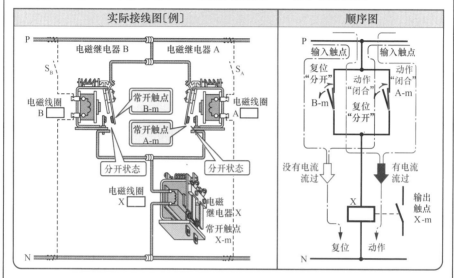

实际接线图〔例〕	顺序图

● 动作说明 ●

顺序

〔1〕合上开关 S_A 或 S_B 二者中的任意一个，使电磁继电器 A 或 B 动作，常开触点 A-m
　　或常开触点 B-m 其中一个闭合，电磁线圈 X▨ 有电流流过，电磁继电器 X 动作。

〔2〕把开关 S_A 和 S_B 二者都分开，使电磁继电器 A 和 B 都复位，则常开触点 A-m 和
　　常开触点 B-m 都处于分开状态，使电磁线圈 X□ 没有电流流过，电磁继电器 X
　　复位。

〈时序图〔例〕〉

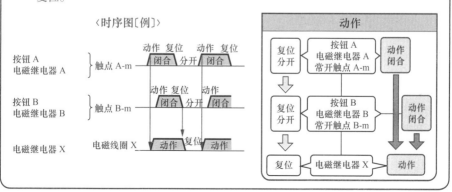

由按钮构成的常闭触点并联电路 ● NAND 电路 ●

❖ 多个常闭触点并联的电路称为"NAND 电路"（逻辑与非），只有该电路的所有的常闭触点动作分开，电路才能变为非导通，没有电流流过。

❖ 把 2 个带有常闭触点的按钮 C 和 D 并联连接，再与电磁继电器 X 的电磁线圈 X□ 相连。

实际接线图〔例〕	顺序图

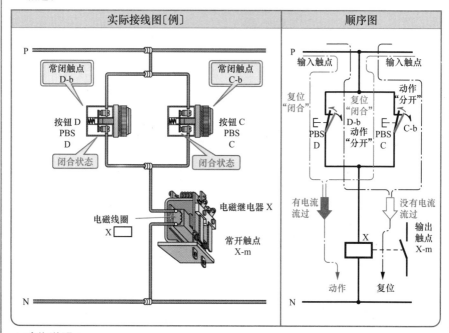

● 动作说明 ●

顺序

〔1〕按下按钮 C 和按钮 D 中的任意一个使其动作，常闭触点分开，但只要有常闭触点 C-b 或常闭触点 D-b 中的一个还处于闭合状态，电磁线圈 X■ 就有电流流过，电磁继电器 X 动作。

〔2〕同时按下按钮 C 和按钮 D 使二者都动作，常闭触点 C-b 和常闭触点 D-b 都成为开路状态，电磁线圈 X□ 没有电流流过，电磁继电器 X 复位。

常闭触点的并联电路 ● NAND 电路 ●

❖ 在常闭触点的并联电路中，当 C 和 D 二者都有输入信号，输入触点都变为开路状态，使电磁继电器 X 复位，其输出触点分开，输出端为零。

这里把 AND 的条件再否定的电路称为 NAND（NOT AND）电路（逻辑与非）。

由电磁继电器构成的常闭触点并联电路
● NAND 电路 ●

❖ 把电磁继电器 C 的常闭触点 C-b 和电磁继电器 D 的常闭触点 D-b 并联连接，再与电磁继电器 X 的电磁线圈 X□ 连接，这就是 NAND 电路（逻辑与非）。

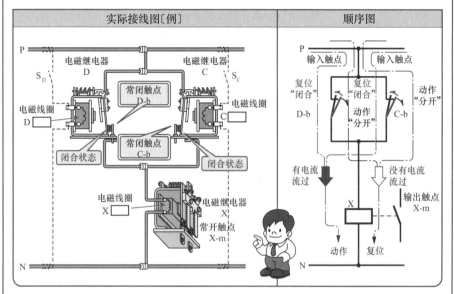

实际接线图〔例〕	顺序图

● **动作说明** ●

顺序

〔1〕 即使电磁继电器 C 或 D 中的一个动作，但只要常闭触点 C-b 或常闭触点 D-b 中的一个闭合，电磁线圈 X ■ 中就会有电流流过，电磁继电器 X 动作。

〔2〕 合上开关 S_C 和 S_D，使电磁继电器 C 和 D 二者都动作，常闭触点 C-b 和常闭触点 D-b 都分开，电磁线圈 X□ 没有电流流过，电磁继电器 X 复位。

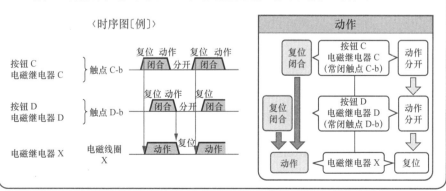

〈时序图〔例〕〉

3 常开触点和常闭触点并联电路的动作

由按钮构成的常开触点和常闭触点的并联电路

❖ 在常开触点和常闭触点并联连接的电路中，常开触点动作闭合或者常闭触点复位闭合时，电路导通，有电流流过。

❖ 把带有常开触点的按钮 E 和带有常闭触点的按钮 F 并联连接，再与电磁继电器 X 的电磁线圈 X□ 相连。

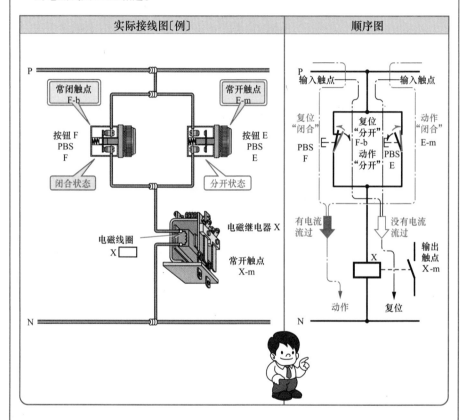

● 动作说明 ●

顺序

〔1〕当按下按钮 E，其常开触点 E-m 闭合，或者使按钮 F 复位，其常闭触点 F-b 闭合时，则电磁线圈 X■中有电流流过，电磁继电器 X 动作。

〔2〕当按钮 E 复位，其常开触点 E-m 分开，与此同时使按钮 F 动作，其常闭触点 F-b 分开，则电磁线圈 X□中没有电流流过，电磁继电器 X 复位。

由电磁继电器构成的常开触点和常闭触点的并联电路

❖ 把电磁继电器 E 的常开触点 E-m 和电磁继电器 F 的常闭触点 F-b 并联连接,再与电磁继电器 X 的电磁线圈 X□ 相连。

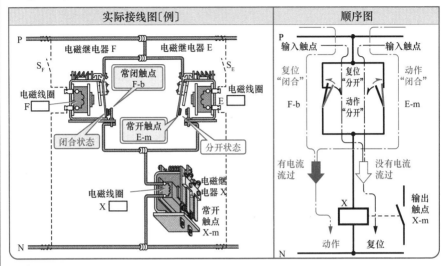

| 实际接线图〔例〕 | 顺序图 |

● 动作说明 ●

顺序

〔1〕当合上开关 S_E 使电磁继电器 E 动作,其常开触点 E-m 闭合,或者使电磁继电器 F 复位,其常闭触点 F-b 闭合时,则电磁线圈 X□ 中有电流流过,电磁继电器 X 动作。

〔2〕当分开开关 S_E 使电磁继电器 E 复位,其常开触点 E-m 分开,与此同时合上开关 S_F 使电磁继电器 F 动作,其常闭触点 F-b 分开时,则电磁线圈 X□ 中没有电流流过,电磁继电器 X 复位。

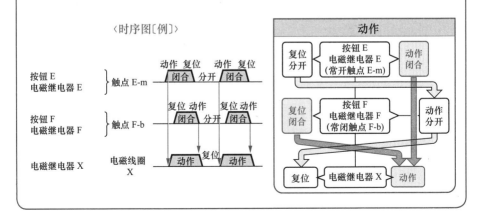

〈时序图〔例〕〉

7-4 自保电路的读图方法

① 自保电路的动作

什么是自保电路

❖ **自保电路**是利用电磁继电器自己的触点与输入信号并联，以保持电磁继电器的动作能够持续下去的电路（也常称为自锁电路）。

❖ 自保电路的作用是把按钮之类的操作元件所产生的脉冲信号转换成连续信号，并具有记忆保持功能。

由按钮构成的自保电路〔例〕

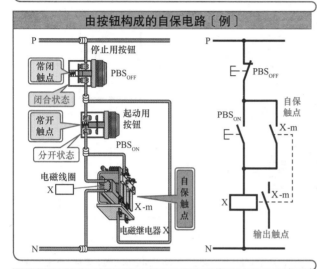

● 说明 ●

❖自保电路：将带有常闭触点的停止用按钮 PBS$_{OFF}$ 和带有常开触点的起动用按钮 PBS$_{ON}$ 串联连接，再与电磁继电器 X 的电磁线圈 X ☐ 相连。而把电磁继电器 X 的常开触点 X-m 与按钮 PBS$_{ON}$ 并联。这个触点 X-m 称为自保触点（也常被称为自锁触点）。

❖起动用按钮 PBS$_{ON}$ 和停止用按钮 PBS$_{OFF}$ 是输入触点，分别作为控制电磁继电器 X 的动作命令和复位命令。

由电磁继电器构成的自保电路〔例〕

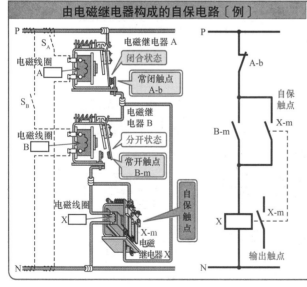

❖可以使用电磁继电器触点构成自保电路。用电磁继电器 A（常闭触点 A-b）代替停止用按钮 PBS$_{OFF}$；用电磁继电器 B（常开触点 B-m）代替起动用按钮 PBS$_{ON}$。

由按钮构成的自保电路的起动顺序 ●动作说明●

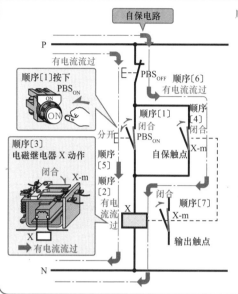

顺序[1] 按下起动用按钮 PBS$_{ON}$。
[2] 按下 PBS$_{ON}$，其常开触点闭合，电磁线圈 X ☐ 有电流流过。

电路 电源 P → PBS$_{OFF}$ → PBS$_{ON}$ →(闭合) X☐
电源 N ←

[3] 电磁继电器 X 动作。
[4] 电磁继电器 X 动作，与 PBS$_{ON}$ 并联的自保触点(常开触点)X-m 闭合。
[5] 将按下按钮 PBS$_{ON}$ 的手放开，按钮复位，常开触点分开。
[6] 即使按钮 PBS$_{ON}$ 复位，其常开触点分开，电流仍可通过自保触点 X-m 流入电磁线圈 X ☐，电磁继电器继续保持动作状态。

电路 电源 P → PBS$_{OFF}$ →(自保触点)X-m → X☐
电源 N ←

[7] 电磁继电器 X 动作，其输出触点 X-m 闭合。

由按钮构成的自保电路的停止顺序 ●动作说明●

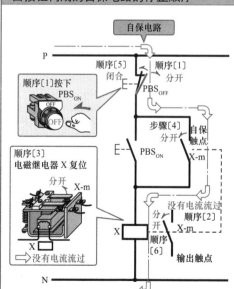

顺序[1] 按下停止用按钮 PBS$_{OFF}$。
[2] 按下 PBS$_{OFF}$，其常闭触点分开，电磁线圈 X ☐ 没有电流流过。

电路 电源 P → XPBS$_{OFF}$ →(分开)自保触点 X → X-m → X☐
电源 N ←

[3] 电磁继电器 X 复位。
[4] 电磁继电器 X 复位，与 PBS$_{ON}$ 并联的自保触点(常开触点)X-m 分开。
[5] 按下按钮 PBS$_{OFF}$ 的手放开，按钮复位，其常闭触点闭合。
● 即使 PBS$_{OFF}$ 复位，其常闭触点闭合，因为自保触点 X-m 为分开状态，电磁线圈 X ☐ 仍没有电流流过，所以电磁继电器 X 继续保持复位状态。
[6] 因电磁继电器 X 仍保持复位状态，则输出触点 X-m 保持分开状态。

由按钮构成的自保电路的时序图〔例〕

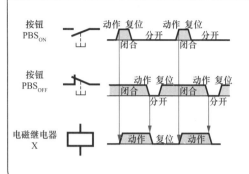

❖ 对于使用按钮的自保电路，一般情况下，当操作者需要起动时，就要按下起动用按钮 PBS$_{ON}$，使电磁继电器 X 动作；在需要停止时，就要按下停止用按钮 PBS$_{OFF}$，使电磁继电器 X 复位。这时的动作时序如左图所示。

❖ 当出现误操作时，即同时按下 PBS$_{ON}$ 和 PBS$_{OFF}$，这时复位优先，电磁继电器 X 不会动作（具体参照下面的说明）。

由电磁继电器构成的自保电路的时序图〔例〕 ●同时动作●

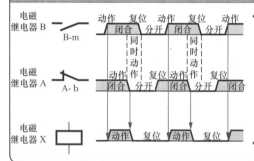

❖ 对于使用电磁继电器触点的自保电路，操作者需要起动时，就要使电磁继电器 B 动作，其常开触点 B-m 闭合，使得电磁继电器 X 动作；在需要停止时，就要使电磁继电器 A 动作，其常闭触点 A-b 分开，使得电磁继电器 X 复位。当发生误操作，即电磁继电器 A 和电磁继电器 B 同时动作，这时的时序图如左图所示。

❖ 当触点 B-m 和触点 A-b 同时动作时，虽然触点 B-m 闭合，但触点 A-b 是分开的，所以电磁继电器 X 是复位状态。

同时给出起动信号和停止信号时

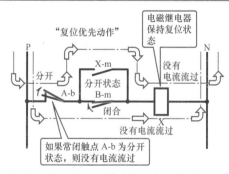

● 复位优先的自保电路 ●
❖在电磁继电器 X 的电磁线圈 X▭ 的电路中，常开触点 B-m 和常闭触点 A-b 为"串联电路"，即前文提到的禁止电路。在触点 A-b 分开时，即使触点 B-m 闭合，电磁线圈 X▭ 也不会有电流流过，所以电磁继电器是复位状态。
❖该电路由常闭触点 A-b 的"分开"产生的复位优先于由常开触点 B-m"闭合"产生的动作，所以称为"复位优先的自保电路"。

❖ 在自保电路中，同时输入起动信号和复位信号时，把起动信号优先产生输出信号的电路称为动作优先自保电路，把复位信号优先禁止输出信号输出的电路称为复位优先自保电路。

1 互锁电路的动作

什么是互锁电路

❖ 规范 JEM 1115 中，对互锁电路定义如下：互锁电路是多个动作相关联的电路，只要某个条件不具备，就会阻止下一步的相关动作。

❖ 互锁（也称为联锁）电路的主要目的是保护机器和操作者的安全。

互锁电路的实际接线图〔例〕	顺序图

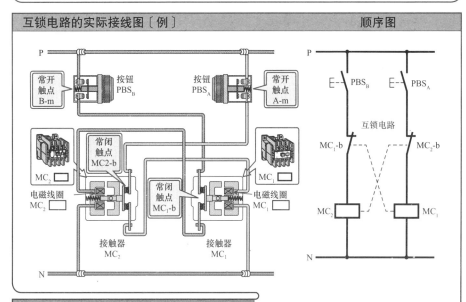

●说明●

❖ 接触器 MC_1 的电磁线圈 $MC_1\square$ 和接触器 MC_2 的常闭触点 MC_2-b 串联连接，接触器 MC_2 的电磁线圈 $MC_2\square$ 和接触器 MC_1 的常闭触点 MC_1-b 串联连接，这样就构成了一个由对方的接触器的常闭触点作为禁止输入触点的"禁止电路"。

（注）该电路是由按钮的常开触点和接触器的常闭触点构成了"串联电路"（详细参照 7-2 节③ 98 页~99 页）。也就是将对方的接触器的常闭触点作为禁止触点的"禁止电路"。

❖ 这样连接后，当一方的接触器为动作状态时，在另一方接触器的电磁线圈支路中串入的是对方接触器的常闭触点，为分开状态，不能构成通路，所以两台接触器不能同时动作。这样的电路称为**互锁电路**。

❖ 当一方的接触器为动作状态时，另一方的接触器即使有输入信号也不能动作的电路称为**动作时的互锁电路**。

接触器 MC₁ 动作时　　　　　　　　　　● 动作说明 ●

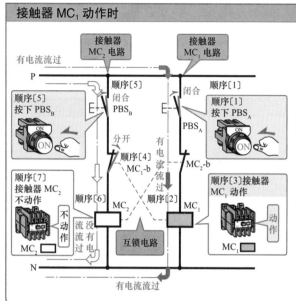

顺序

〔1〕按下接触器 MC₁ 电路中的按钮 PBSₐ，其触点闭合。

〔2〕PBSₐ 闭合后，电磁线圈 MC₁ □ 中有电流流过。

〔3〕接触器 MC₁ 动作。

〔4〕MC₁ 动作，其常闭触点 MC₁-b 分开。

〔5〕按下接触器 MC₂ 电路中的按钮 PBS_B，其触点闭合。

〔6〕即使 PBS_B 已经闭合，因为在电磁线圈 MC₂ □ 电路中的触点 MC₁-b 为开路状态，所以没有电流流过。

〔7〕接触器 MC₂ 不动作。

接触器 MC₂ 动作时　　　　　　　　　　● 动作说明 ●

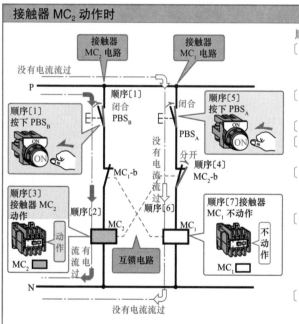

顺序

〔1〕按下接触器 MC₂ 电路中的按钮 PBS_B，其触点闭合。

〔2〕PBS_B 闭合后，电磁线圈 MC₂ □ 中有电流流过。

〔3〕接触器 MC₂ 动作。

〔4〕MC₂ 动作后，常闭触点 MC₂-b 分开。

〔5〕按下接触器 MC₁ 电路中的按钮 PBSₐ，其触点闭合。

〔6〕即使 PBSₐ 已经闭合，因为在电磁线圈 MC₁ □ 电路中的触点 MC₂-b 为开路状态，所以没有电流流过。

〔7〕接触器 MC₁ 不动作。

② 三相感应电动机正反转控制的互锁电路

互锁电路〔例〕　　　　　　　　　　　　　　　　● 电动机正反转控制 ●

❖ 三相感应电动机的接线如下方的顺序图所示。正转用接触器 F-MC 投入后，三相电源加到电动机 M（三相感应电动机 IM）上，电动机起动运转，把此时的转动方向定为正转方向。

　然后，断开正转用接触器 F-MC，投入反转用接触器 R-MC，三相电源中的两相电源线互相交换，电动机反向起动运转。这就是**电动机的正反转控制**。

❖ 三相感应电动机正反转控制的动作说明请参照 11-1 节（198 页）。

三相感应电动机正反转控制顺序图

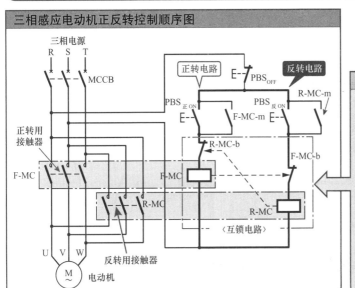

互锁电路

对于三相感应电动机的正反转控制电路，如果操作时发生正转用接触器和反转用接触器同时动作，将会发生电源短路事故。因此必须在接触器 F-MC 和接触器 R-MC 的电磁线圈电路中分别加入对方接触器的常闭触点，形成电气互锁电路。

如果没有互锁电路，将会发生什么呢?　　　　　　　　　　电源短路事故

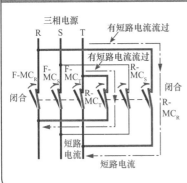

❖ 对于三相感应电动机的正反转控制电路，如果没有加入互锁电路，那么在正转用接触器的主触点 F-MC 和反转用接触器的主触点 R-MC 被同时投入时，将会发生什么情况呢？请看三相电源的 R 相和 T 相，在 R 相和 T 相电源线之间变成完全的**短路状态**，也就是形成**电源相间短路**，电路中将有很大的电流流过，发生设备烧损事故。因此必须设置能够使主触点 F-MC 和 R-MC 不可能同时闭合的互锁电路。

1 手动 / 自动切换电路的动作

什么是选择电路

❖ **选择电路**：对于顺序控制装置，有时需要手动控制，有时需要自动控制。常用选择电路做运行方式的切换。

自动扬水装置的控制　　　　　　　　　　　　　　　　●选择电路〔例〕●

❖ 自动扬水装置是利用电动水泵将水从水源抽到高处水槽中的自动控制装置。当用于自动控制的液位开关出现故障时，或者在某些特殊情况下，可以采取手动操作，这时将会用到手动 / 自动的切换电路。

❖ 自动扬水装置的详细动作说明请参照 8-4 节（143 页）。

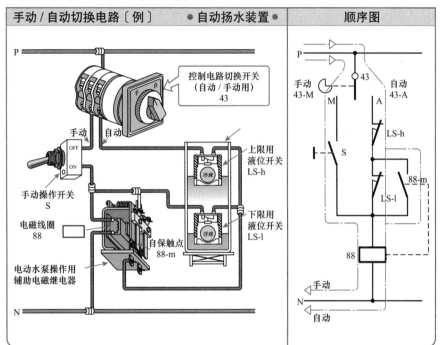

| 手动 / 自动切换电路〔例〕 | ●自动扬水装置● | 顺序图 |

● 动作说明 ●

❖ **自动侧的动作**

〔1〕把切换开关 43 切换到"自动侧"，则触点切换到 43-A，自动侧触点闭合。

〔2〕"自动侧"电路是一个自保电路，由液位开关 LS-h 和 LS-l 的开闭控制电动水泵的"自动运转"。

❖ **手动侧的动作**

〔1〕把切换开关 43 切换到"手动侧"，则触点切换到 43-M，手动侧触点闭合。

〔2〕在"手动侧"电路，由手动操作开关 S 的开闭控制电动水泵的"手动运转"。

7-7 指示灯电路的读图方法

1 1指示灯式和 2 指示灯式电路的动作方式

❖ **指示灯电路**多用于显示接触器、断路器等开闭器类的开路/闭路状态，或者显示机器的运转/停止之类的动作状态。

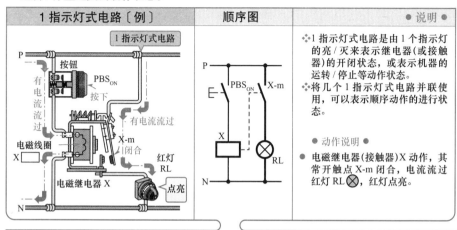

1指示灯式电路〔例〕	顺序图	● 说明 ●
		❖1指示灯式电路是由1个指示灯的亮/灭来表示继电器(或接触器)的开闭状态，或表示机器的运转/停止等动作的状态。 ❖将几个1指示灯式电路并联使用，可以表示顺序动作的进行状态。 ● 动作说明 ● ● 电磁继电器(接触器)X动作，其常开触点X-m闭合，电流流过红灯RL⊗，红灯点亮。

2指示灯式电路〔例〕	顺序图

❖ 由2个指示灯的亮/灭来表示继电器(接触器)的开闭，或机器的运转/停止。

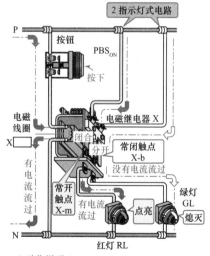

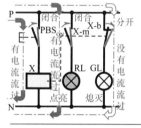

● 电磁继电器动作时 ●

❖有电流流过电磁线圈 X□ 时

● 红灯 RL ⊗ …点亮

● 绿灯 GL ⊗ …熄灭

● 电磁继电器复位时 ●

❖电磁线圈 X□ 没有电流流过时

● 红灯 RL ⊗ …熄灭

● 绿灯 GL ⊗ …点亮

● 动作说明 ●

❖**电磁继电器(接触器)X动作时，红灯 RL ⊗ 点亮，绿灯 GL ⊗ 熄灭，表示电磁继电器为"动作"状态。**

❖**电磁继电器(接触器)X复位时，绿灯 GL ⊗ 点亮，红灯 RL ⊗ 熄灭，表示电磁继电器为"复位"状态。**

7-8 无触点继电器电路的读图方法

1 P 型半导体、N 型半导体和二极管

P 型半导体

空穴

❖ 这是一种半导体材料。例如在 4 价硅元素中掺入微量的 3 价硼元素，组成共价结合时缺少一个电子，即形成一个**空穴**。空穴相当于带正电的粒子，用英文 Positive（正）的首字母 P 表示，称为 **P 型半导体**。

N 型半导体

电子

❖ 这是一种半导体材料。例如在 4 价硅元素中掺入微量的 5 价磷元素，组成共价结合时多了一个**电子**，带有负电，用英文 Negative（负）的首字母 N 表示，称为 **N 型半导体**。

二极管（PN 结）   ●图形符号●

❖把 P 型半导体和 N 型半导体相结合形成的 PN 结称为二极管，可以起整流的作用。

→ 正向电流方向
反向电流方向 ◄- - -

= 整流作用 =

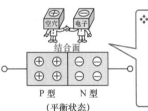

结合面

❖在 P 型半导体和 N 型半导体结合面的两侧，有带有正电的空穴（P 型半导体侧）和带有负电的电子（N 型半导体侧）。

P 型   N 型
（平衡状态）

〈二极管的输出〉

被阻止

❖当二极管的 P 侧电源为正时，有电流流过负载。相反 P 侧电源为负时，电流被阻止，起到了整流的作用。

在 P 型加（+）电压，在 N 型加（–）电压时

正向：电流从 P 型半导体流向 N 型半导体

空穴   ➡ 有电流流过

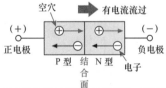

（+）   （–）
正电极   负电极
P 型 结 N 型 电子
合
面

❖P 型的空穴受到正电极的排斥，越过结合面向 N 型移动。
❖N 型的电子受到负电极的排斥，越过结合面向 P 型移动。
● 电子移动的相反方向为电流的方向。
❖因为电流从 P 流向 N 型，所以称为正方向（电阻很小）。

在 P 型加（–）电压，在 N 型加（+）电压时

反向：电流不能流动

电流不能流动

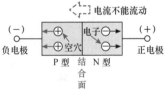

（–）   （+）
负电极   电子   正电极
空穴
P 型 结 N 型
合
面

❖P 型的空穴被负电极所吸引，聚集在负电极附近。
❖N 型的电子被正电极所吸引，聚集在正电极附近。
❖P 型和 N 型的结合面附近，几乎没有空穴和电子，也没有电流流动，所以称为反方向（电阻很大）。

---

❷ PNP 型晶体管和 NPN 型晶体管

什么是晶体管

❖ **晶体管**是由 P 型半导体和 N 型半导体交替结合的三层半导体器件，根据组合材料的顺序可分为 PNP 型晶体管和 NPN 型晶体管。

PNP 型晶体管   ● 图形符号 ●

❖ 在二极管的 PN 结上将另一个 PN 结组合在一起，P 型半导体作为两端的材料，这样形成的晶体管叫作"PNP 型晶体管"。

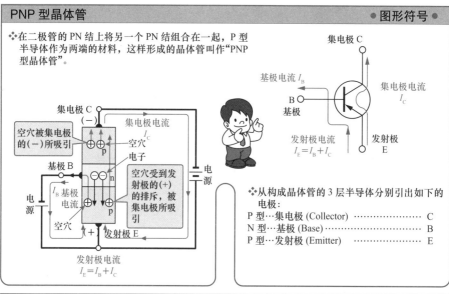

❖ 从构成晶体管的 3 层半导体分别引出如下的电极：

P 型…集电极 (Collector) ····················· C
N 型…基极 (Base) ······························ B
P 型…发射极 (Emitter) ····················· E

NPN 型晶体管   ● 图形符号 ●

❖ 在二极管的 PN 结上将另一个 PN 结组合在一起，N 型半导体作为两端的材料，这样形成的晶体管叫作"NPN 型晶体管"。

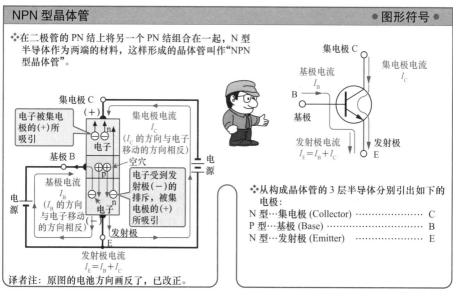

❖ 从构成晶体管的 3 层半导体分别引出如下的电极：

N 型…集电极 (Collector) ····················· C
P 型…基极 (Base) ······························ B
N 型…发射极 (Emitter) ····················· E

译者注：原图的电池方向画反了，已改正。

晶体管无触点继电器

❖ 相对于有触点的电磁继电器，**无触点继电器**是不使用机械的可动触点也可以实现
  继电器动作的静止型继电器。

❖ **晶体管无触点继电器**是以晶体管、二极管等半导体器件为主要元素所构成的无触
  点继电器。

电磁继电器(有触点继电器)的基本动作

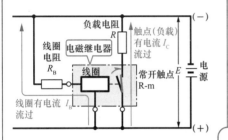

❖电磁继电器是由电磁线圈和触点构成，电磁
  线圈加上输入信号，在触点侧连接要控制的
  负载。

电磁线圈电流 I_B 和触点(负载)电流 I_C 的关系

❖电磁继电器有"ON"和"OFF"两个工作状态。

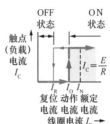

● 电磁继电器触点：
  "ON"状态
  线圈电流 I_B 达到动
  作电流 I_O 以上时，触
  点闭合，触点流过负
  载电流。
  当 $I_B = I_N$ 时，$I_C = E/R$

● 电磁继电器触点：
  "OFF"状态
  线圈电流 I_B 下降到
  复位电流 I_R 以下时，
  触点分开，触点没有
  负载电流流过。
  当 $I_B = 0$ 时，$I_C = 0$

晶体管无触点继电器的基本动作

晶体管电路(PNP 型晶体管时)

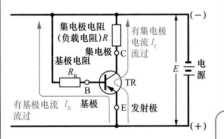

❖在晶体管电路中，发射极 E 与电源(+)直接
  连接，集电极 C 通过集电极电阻 R，基极 B
  通过基极电阻 R_B 与电源(−)连接。

基极电流 I_B 和集电极电流 I_C 之间的关系

❖适当选取晶体管基极电流 I_B，晶体管无触点继
  电器可以实现与电磁继电器完全相同的"ON"
  "OFF"动作。

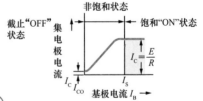

● 饱和状态：ON 状态
  基极电流 I_B 达到一
  定值 I_S 以上后，集电
  极就有电流($I_C = E/R$)
  流过，这种状态相当
  于电磁继电器触点的
  "ON"状态。

● 截止状态：OFF 状态
  如果没有基极电流 I_B，
  则集电极(负载)电流 I_C
  也几乎为零。这种状态
  相当于电磁继电器触点
  的"OFF"状态。

---

❹ 晶体管无触点继电器的"OFF"动作

晶体管无触点继电器的"OFF"状态

= 使用 PNP 晶体管时 =

❖ 基极电路的输入触点 S 为分开状态时，因为没有基极电流 I_B，晶体管处于关断"OFF"状态，所以集电极没有电流 I_C。

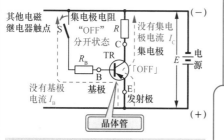

❖ 基极电路
输入触点 S"OFF"：没有基极电流 I_B

❖ 集电极电路
截止"OFF"状态：没有集电极电流 I_C

电磁继电器的"OFF"状态

❖ 电磁线圈电路的输入触点 S 为分开状态时，电磁线圈因没有电流 I_B，所以电磁继电器不动作。因此其常开触点 R-m 为分开状态，触点(负载)也没有电流 I_C。

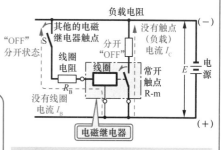

❖ 电磁线圈电路
输入触点 S"OFF"：没有线圈电流 I_B。

❖ 触点电路
触点"OFF"状态：没有触点(负载)电流 I_C。

晶体管无触点继电器的实际电路　　　　　●OFF 状态●

由前端的晶体管或触点S，把R_{B1}和R_{B2}的连接点与电源的(0)电位相连

把基极电阻R_B分为R_{B1}和R_{B2}

晶体管 TR_2

"ON" 闭合状态

前端的晶体管 TR_1

电阻R_3和截止用偏压电源V_P是为了确保晶体管TR_2的截止"OFF"状态，减少漏电流I_{co}而设置的

❖ 输入信号前端的晶体管 TR_1 为饱和"ON"状态，或者触点 S 为"ON"状态时，使得晶体管 TR_2 的发射极（E）与基极（B）的电阻（R_{B2}）间短路，所以没有基极电流 I_B 流过。因此晶体管 TR_2 为截止"OFF"状态。

❖ 在该电路中，如果输入信号与左图的相反，则晶体管 TR_2 为饱和"ON"状态（请参照下页）。

输入信号"ON" ⟹ 晶体管输出信号"OFF"

❖ 因输入信号的状态与输出信号的状态相反，所以是**"NOT 电路"**。

晶体管无触点继电器的"ON"状态

= 使用 PNP 晶体管时 =

❖当基极电路的输入触点 S 闭合时,因为基极有电流 I_B 流过,晶体管为饱和"ON"状态,所以在集电极有电流 I_C 流过。

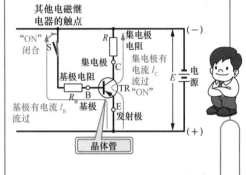

❖基极电路
输入触点 S"ON".........基极有电流 I_B 流过

❖集电极电路
饱和"ON"状态.........集电极有电流 I_C 流过

电磁继电器的"ON"状态

❖电磁线圈电路的输入触点 S 为闭合状态时,因为电磁线圈有电流 I_B 流过,电磁继电器动作,常开触点 R-m 闭合,所以触点(负载)有电流 I_C 流过。

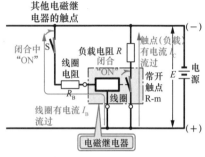

❖电磁线圈电路
输入触点 S"ON".........线圈有电流 I_B 流过

❖触点电路
触点"ON"状态.........触点(负载)有电流 I_C 流过

晶体管无触点继电器的实际电路   ● ON 状态 ●

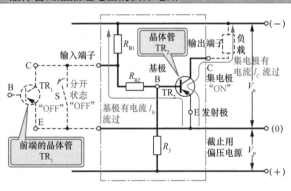

输入信号"OFF" ⇨ 晶体管输出信号"ON"

❖ 当前端晶体管 TR_1 为截止状态,或者触点 S 为"OFF"状态时,有基极电流 I_B 流过电阻 R_{B1} 和 R_{B2},晶体管 TR_2 处于饱和"ON"状态。

❖ 在该电路中,如果输入信号与左图的相反,则晶体管 TR_2 截止,为"OFF"状态(请参照前页)。

❖因晶体管无触点继电器的输入信号状态与输出信号的状态相反,所以是"NOT 电路"。

7-9 逻辑电路的读图方法

1 用逻辑代数表示继电器电路

什么是逻辑代数

❖ 逻辑代数是用数学式求解逻辑关系的代数，当"**某个条件为真**"时用真值"1"表示；当"**某个条件为假**"时，用真值"0"表示。

❖ 在有触点（电磁继电器）控制电路或无触点继电器控制电路中，对应于触点的开/闭状态或晶体管的饱和/截止状态，分别用"1"和"0"表示。这样就能够将逻辑代数应用于这两种继电器电路。

❖ 逻辑代数的"0"和"1"是用来表示两种不同状态的符号，与普通代数中的数字"0"和"1"不同。

逻辑信号…"0"信号	逻辑信号…"1"信号

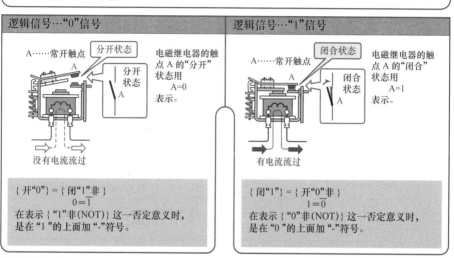

A……常开触点　分开状态

电磁继电器的触点 A 的"分开"状态用
$$A=0$$
表示。

没有电流流过

$$\{开"0"\} = \{闭"1"非\}$$
$$0 = \overline{1}$$
在表示 {"1"非(NOT)} 这一否定意义时，是在"1"的上面加"-"符号。

A……常开触点　闭合状态

电磁继电器的触点 A 的"闭合"状态用
$$A=1$$
表示。

有电流流过

$$\{闭"1"\} = \{开"0"非\}$$
$$1 = \overline{0}$$
在表示 {"0"非(NOT)} 这一否定意义时，是在"0"的上面加"-"符号。

逻辑代数

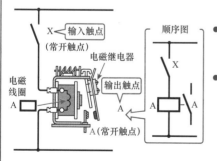

X──输入触点（常开触点）

电磁继电器

电磁线圈 A

输出触点

A（常开触点）

顺序图

● 逻辑表达式 ●

❖ 对于输入触点 X 的开闭，输出触点 A 的动作关系如下：

● 输入触点 X 为分开状态时　电磁继电器的输出触点为分开状态
$$X=0\cdots\cdots A=0$$

● 输入触点 X 为闭合状态时　电磁继电器的输出触点为闭合状态
$$X=1\cdots\cdots A=1$$

把这种关系用逻辑式表示为

逻辑式　X＝A

动作表	
输入	输出
X	A
0	0
1	1

❖ 这里把表示电路的输入和输出动作关系的表称为"动作表"。

译者注：这里的动作表在逻辑代数中称为"真值表"。

什么是逻辑电路图

❖ **逻辑电路图**是用**逻辑符号**表示"逻辑非（NOT）电路""逻辑与（AND）电路""逻辑或（OR）电路"等逻辑电路，用逻辑关系表示顺序控制关系的电路图，称为**逻辑顺序图**。

❖ 虽然在 JIS C 0617 中按照 IEC 60617-12 标准规定了逻辑电路的图形符号（参照 7-9 节④ 122 页），但是本书仍采用习惯用法的 ANSI Y32.14 所规定的图形符号（旧 MIL 逻辑符号）。

逻辑非（NOT）电路

❖ **逻辑非电路**的逻辑关系是，有输入信号时没有输出信号，没有输入信号时有输出信号。即对于输入来说，输出是它的"逻辑非"（NOT），所以也称为 **NOT 电路**。

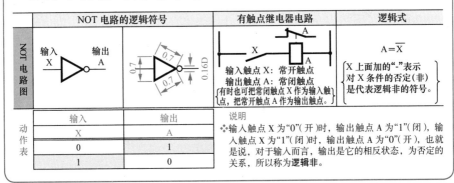

NOT 电路的逻辑符号	有触点继电器电路	逻辑式
NOT 电路图：输入 X，输出 A	输入触点 X：常开触点 输出触点 A：常闭触点（有时也可把常闭触点 X 作为输入触点，把常开触点 A 作为输出触点。）	$A = \overline{X}$ （X 上面加的 "-" 表示对 X 条件的否定（非）是代表逻辑非的符号。）

动作表	输入 X	输出 A
	0	1
	1	0

说明

❖ 输入触点 X 为"0"（开）时，输出触点 A 为"1"（闭），输入触点 X 为"1"（闭）时，输出触点 A 为"0"（开），也就是说，对于输入而言，输出是它的相反状态，为否定的关系，所以称为**逻辑非**。

逻辑与（AND）电路

❖ **逻辑与电路**的逻辑关系是，只有当输入条件 X_1 和 X_2 都成立时，输出 A 才有信号输出，即输出 A 是 X_1"与（AND）" X_2 的结果，所以也称为 **AND 电路**。

AND 电路的逻辑符号	有触点继电器电路	逻辑式
AND 电路图：输入 X_1, X_2，输出 A	输入触点 X_1, X_2：常开触点 输出触点 A：常开触点	$A = X_1 \cdot X_2$ （上式的 · 虽然只是一个符号，但与普通代数的"乘"类似，所以也称为逻辑乘（逻辑与）。）

动作表	输入 X_1	输入 X_2	输出 $A = X_1 \cdot X_2$
	0	0	0（0·0=0）
	1	0	0（1·0=0）
	0	1	0（0·1=0）
	1	1	1（1·1=1）

说明

❖ 输入触点 X_1 和 X_2 二者都为"1"（闭）时，输出触点 A 才为"1"（闭）。

❖ 输入触点 X_1 或 X_2 中的一个为"0"（开），或者都为"0"（开），则输出触点 A 为"0"（开）。

❖ 输入 X_1 与 X_2 的乘积结果得到输出 A，所以称为**逻辑与**。

逻辑或（OR）电路

❖ **逻辑或电路**的逻辑关系是当输入条件 X_1 和 X_2 中，只要其中一个成立，输出 A 就有相应的输出。即输入条件 X_1 "或（OR）" X_2 成立，输出 A 就有输出信号，所以称为 OR 电路。

	OR 电路的逻辑符号		有触点继电器电路	逻辑式
OR 电路图	输入 X_1 输出 A X_2	1.0 0.3	X_1 A X_2 A 输入触点 X_1，X_2：常开触点 输出触点 A ：常开触点	$A = X_1 + X_2$ 上式的 + 虽然只是一个符号，但与普通代数的"加"类似，所以也称为逻辑加（逻辑或）。

	输入		输出	说明
	X_1	X_2	$A = X_1 + X_2$	❖ 输入触点 X_1 和 X_2 中的任意一个为"1"(闭)，或者二者都为"1"(闭)时，输出触点 A 为"1"(闭)。
动作表	0	0	$0(0+0=0)$	❖ 输入触点 X_1 和 X_2 二者都为"0"(开)时，输出触点 A 为"0"(开)。
	1	0	$1(1+0=1)$	❖ 在逻辑式里的 1 + 1 不是等于 2，而是为 1，这是与普通代数不同的。
	0	1	$1(0+1=1)$	❖ 因为是输入 X_1 和 X_2 的逻辑相加后输出，所以也称为**逻辑加**。
	1	1	$1(1+1=1)$	

逻辑与非（NAND）电路

❖ **逻辑与非电路**是由"NOT 电路"和"AND 电路"组合而成的逻辑电路，所以也称为 NAND 电路。

	NAND 电路的逻辑符号		有触点继电器电路	逻辑式
NAND 电路图	输入 X_1 输出 A X_2	1.0 0.4R 0.6 0.8 0.16D	X_1 X_2 A A 输入触点 X_1，X_2：常开触点 输出触点 A ：常闭触点 有时也可把常闭触点 X_1、X_2 并联使用作为输入触点，把常开触点 A 作为输出触点。	$A = \overline{X_1 \cdot X_2}$

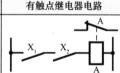

	输入		输出	说明
	X_1	X_2	$A = \overline{X_1 \cdot X_2}$	❖ 只有输入触点 X_1 和 X_2 都为"1"(闭)时，输出触点 A 才为"0"(开)。
动作表	0	0	$1(\overline{0 \cdot 0} = \overline{0} = 1)$	❖ 输入触点 X_1 和 X_2 中的任意一个为"0"(开)，或者二者都为"0"(开)时，输出触点 A 为"1"(闭)。
	1	0	$1(\overline{1 \cdot 0} = \overline{0} = 1)$	❖ 因为是将输入 X_1 和 X_2 相与后的输出 A 再做否定，所以称为**逻辑与非**。
	0	1	$1(\overline{0 \cdot 1} = \overline{0} = 1)$	
	1	1	$0(\overline{1 \cdot 1} = \overline{1} = 0)$	

逻辑或非（NOR）电路

❖ **逻辑或非电路**是由"NOT 电路"和"OR 电路"组合而成的逻辑电路，所以称为 NOR 电路。

	NOR 电路的逻辑符号	有触点继电器电路	逻辑式
NOR电路图	输入 X_1 输出 A X_2 1.0 0.16D 0.8 0.3	X_1 X_2 A 输入触点 X_1，X_2：常开触点 输出触点 A ：常闭触点 有时也可把常闭触点 X_1、X_2 串联使用作为输入触点，把常开触点 A 作为输出触点。	$A = \overline{X_1 + X_2}$

	输入		输出
	X_1	X_2	$A = \overline{X_1 + X_2}$
动作表	0	0	$1(\overline{0+0} = \overline{0} = 1)$
	1	0	$0(\overline{1+0} = \overline{1} = 0)$
	0	1	$0(\overline{0+1} = \overline{1} = 0)$
	1	1	$0(\overline{1+1} = \overline{1} = 0)$

说明
❖ 输入触点 X_1 和 X_2 中的任意一个，或二者都为"1"(闭)时，输出触点 A 为"0"(开)。
❖ 只有输入触点 X_1 和 X_2 都为"0"(开)时，输出触点 A 才为"1"(闭)。
❖ 因为是输入 X_1 和 X_2 的逻辑相加后的输出再做否定，所以也称为逻辑或非。

二值逻辑元件图形符号（逻辑电路图形符号）对照表

❖ 下表列出了 JIS C 0617 定义的二值逻辑元件的图形符号和 ANSIY 32.14（旧 MIL 逻辑符号）的图形符号。

名称	二值逻辑元件图形符号〔例〕		名称	二值逻辑元件图形符号〔例〕	
	JIS C 0617	ANSI Y 32.14		JIS C 0617	ANSI Y 32.14
AND（逻辑与）元件	&		NAND（逻辑与非）元件	&	
OR（逻辑或）元件	≥1		NOR（逻辑或非）元件	≥1	
Negator（逻辑非）元件	1		Exclusive OR（逻辑异或）元件	=1	

第8章

通过实例剖析顺序控制的动作原理

❖ 顺序控制系统的动作机构大体可以分为以下几个部分：作为控制目标的**控制对象**；检测控制量是否达到预定值的**检测部分**；根据检测信号、操作命令和预先存储的信号等要素进行计算和发出适当控制指令的**命令处理部分**；对控制指令进行功率放大、采取各种安全措施、可以直接对控制对象实施控制的**执行部分**等机构。根据具体情况不同，有些顺序控制系统可能会省略某些机构。

本章关键点

　　本章以几种不同类型的顺序控制系统为例，对于顺序控制系统的各种动作机构和工作原理做出详细说明。

1. 利用光电开关监视工厂、楼宇、仓库等场所，当夜间有不法分子侵入时，会发出警报铃声。本章介绍了这种顺序控制系统的动作原理。
2. 利用按钮和接触器对电动机实施起动、运转和停止的操作。本章介绍了这种顺序控制系统的动作原理。
3. 利用液位开关和水泵自动控制水槽水位。本章介绍了这种自动扬水装置顺序控制系统的动作原理。

8-1 顺序控制的动作原理

顺序控制系统的构成

❖ 一般的顺序控制系统是由**命令处理部分**、**执行部分**、**控制对象**、**显示警报部分**和**检测部分**等要素构成。下图为顺序控制系统的构成图，其中的长方形框为顺序控制系统的构成环节，箭头表示信号的传递方向。

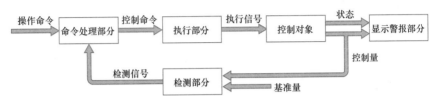

构成要素和信号

(信号)	(构成要素)	(内容)
操作命令		由外部给予顺序控制系统的起动、停止等概括性的命令信号。
	命令处理部分	根据来自外部的命令和来自检测部分的检测信号，计算出对控制对象实施控制的控制命令。
控制命令		来自命令处理部分的信号，用于指示如何对控制对象实施控制的指令信号，输出给执行部分。
	执行部分	对来自命令处理部分的控制命令进行功率放大，并采取安全措施后，直接对控制对象实施控制。
执行信号		对控制对象实施操作的信号。
	控制对象	作为被控制的装置或机械。
	显示警报部分	显示控制对象的状态和发出警报信号的部分。
控制量		控制对象的目标状态。
基准量		作为检测基准的信号(值)。
	检测部分	检测控制对象的控制量是否运行在预定状态，并产生相应的检测信号。
检测信号		是反映控制量是否满足预定条件的信号，该信号送往命令处理部分。

8-2 用光电开关制作的入侵者警报装置

① 入侵警报装置的实际接线图

入侵警报装置的实际接线图〔例〕

❖ 下图是利用光电开关（不可见光）构成的"入侵警报装置"的实际接线图。把人眼不可见的红外线光束及其检测装置安装在工厂或仓库的入口，当有人或其他物体通过时，由于红外线被遮断，产生光的断续。将这种光的断续变换成电信号并驱动警铃响铃，通知警备室的警备人员，达到监视不法入侵者的目的。

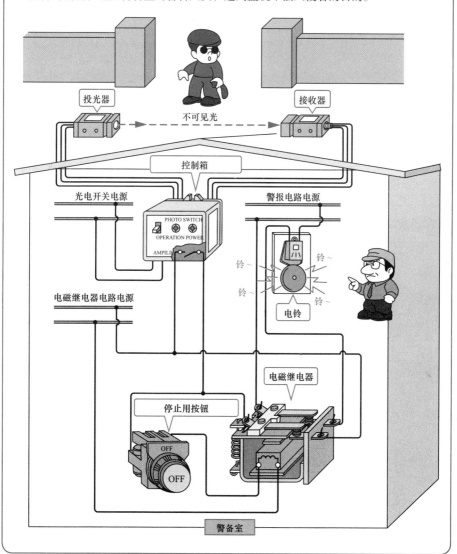

什么是光电开关

❖ **光电开关**是以光作为媒介，以无触点方式检测物体的有无或状态变化的开关。当投光器的光被遮住时，产生输出信号。

光电开关是由发出光束的投光器、接收光束的接收器以及电子电路、向外部输出信号的电磁继电器等元件构成。

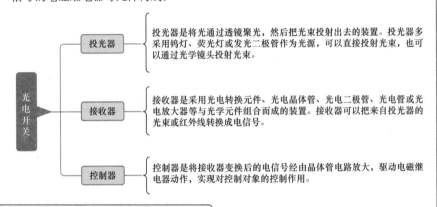

投光器是将光通过透镜聚光，然后把光束投射出去的装置。投光器多采用钨灯、荧光灯或发光二极管作为光源，可以直接投射光束，也可以通过光学镜头投射光束。

接收器是采用光电转换元件、光电晶体管、光电二极管、光电管或光电放大器等与光学元件组合而成的装置。接收器可以把来自投光器的光束或红外线转换成电信号。

控制器是将接收器变换后的电信号经由晶体管电路放大，驱动电磁继电器动作，实现对控制对象的控制作用。

光电开关的连接方法

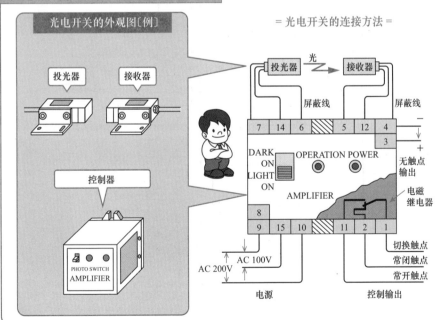

入侵警报装置的顺序图和时序图

❖ 将光电开关设置在工厂、楼宇或者仓库的入口处。当人或车辆从外部进入时，光电开关投光器发出的光束（不可见光）被遮挡，光电开关动作，警报铃发出警报。

❖ 下图是将入侵警报装置的实际接线图改画成的顺序图，并给出相应的时序图。

入侵警报装置的顺序图和时序图〔例〕

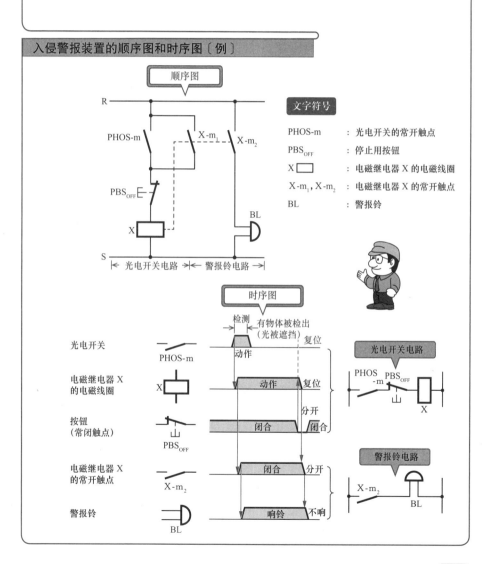

文字符号	
PHOS-m	：光电开关的常开触点
PBS_OFF	：停止用按钮
X ☐	：电磁继电器 X 的电磁线圈
X-m₁, X-m₂	：电磁继电器 X 的常开触点
BL	：警报铃

光电开关电路的动作　　　　　　　　　　　　　●顺序〔1〕●

▶（1）有人遮挡住来自光电开关投光器的光束（不可见光）。

▶（2）投光器的光束被遮挡后，光电开关控制箱内部的电磁继电器动作，常开触点 PHOS-m 闭合。

▶（3）控制箱内部的电磁继电器的常开触点 PHOS-m 闭合，电磁继电器的电磁线圈 X □有电流流过，继电器动作。

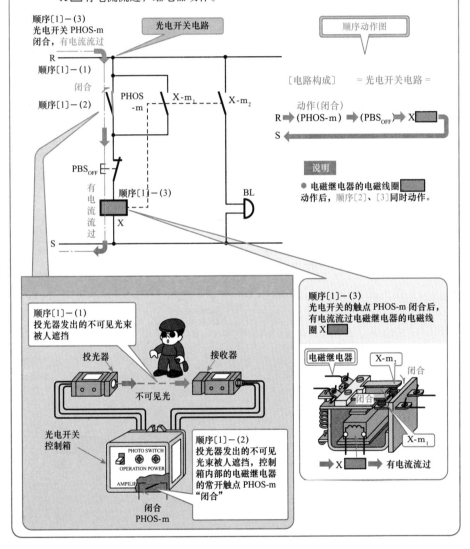

▶（1）当电流流过电磁继电器的电磁线圈 X □时，警报铃电路的电磁继电器的常开触点 $X\text{-}m_2$ 闭合。

▶（2）电磁继电器的常开触点 $X\text{-}m_2$ 闭合后，有电流流过警报铃 BL，警报铃动作响铃。

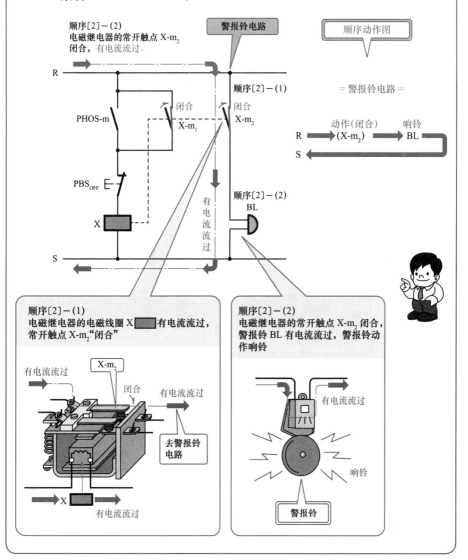

自保电路的动作 ●顺序〔3〕●

▶（1）电磁继电器的电磁线圈 X ▢ 有电流流过时，自保电路的常开触点 X-m₁ 闭合。

▶（2）来自光电开关投光器的不可见光被人遮挡，当人通过之后，控制柜内部的电磁继电器的常开触点 PHOS-m 复位分开。

▶（3）即使光电开关触点 PHOS-m 已经分开，电磁继电器的电磁线圈 X ▢ 仍然通过自保电路的常开触点 X-m₁ 保持电流继续流通。

▶（4）电磁继电器的电磁线圈 X ▢ 中继续有电流流过，继电器仍然保持动作状态，警报铃电路中的继电器的常开触点 X-m₂ 也继续保持闭合的状态，所以警报铃 BL 继续响铃。

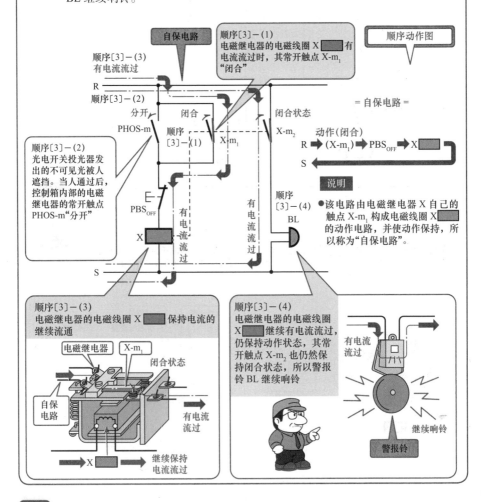

① 电动机的起动控制方式

电动机有哪些起动方式

❖ 电动机以额定电压起动时，起动电流会达到额定电流的数倍（约 5~7 倍）。如果电动机的容量较大，其起动电流可能会引起电源系统的故障，也可能导致电动机发热，甚至给机械设备带来较大的冲击。因此作为解决对策，在电动机起动时，应当采用降低加到电动机上的电压的**减压起动法**。

在减压起动法中有**星 – 三角起动法**、**电抗器起动法**和**起动补偿器起动法**等方法。

什么是电动机的"直接起动法"

= 什么是直接起动法 =

❖ 电动机的"直接起动法"是早期的起动方式。这种起动方式是直接把电源电压加到电动机上，也叫作"全电压起动法"，一般用于容量比较小的电动机，这是因为小容量电动机即使全电压起动，起动电流也比较小，对于电源和电动机的影响都不严重。

❖ "直接起动法"不需要专用的起动装置，操作简单，只须合上开关，电动机即可运转。

另外，因为能够获得较大的起动转矩，所以在电源容量和电动机容量相比有充分裕量时，即使较大功率的电动机也可以采用这种起动方式。

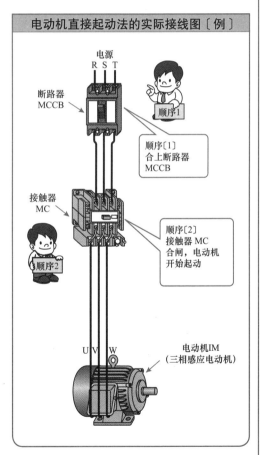

电动机直接起动法的实际接线图〔例〕

电源
R S T

断路器
MCCB

顺序1

顺序〔1〕
合上断路器
MCCB

接触器
MC

顺序2

顺序〔2〕
接触器 MC
合闸，电动机
开始起动

U V W

电动机IM
（三相感应电动机）

● 最近，多用断路器 MCCB 代替刀开关作为电源开关。

电动机的起动控制方式（续）

什么是电动机的星 - 三角起动法 ● 减压起动法 ●

❖ **电动机的星 - 三角起动法**是从电动机的定子各相绕组的两端，取出 6 根引线。起动时，将电动机的定子三相绕组接成星形（Y），也就是加到电动机各相绕组的电压是电源电压的 $1/\sqrt{3}$，降低加到电动机定子绕组的电压，可以减小起动电流。当电动机加速后，再迅速切换到三角形（△）联结方式，这时加到定子绕组的电压是电源电压，电动机进入正常运转状态。

❖ 在星 - 三角起动方式时，起动电流约为额定电流的 150%~200%，起动转矩约为额定转矩的 40%~50%，所以多用于既要求一定起动转矩，又要求控制起动电流的情况，例如用于车床、锯床、电钻等加工机械和卷扬机、破碎机等工程机械。

❖ 在 11-2 节（218 页~237 页），对电动机的星 - 三角起动控制做了详细说明。

星三角起动法的实际接线图〔例〕

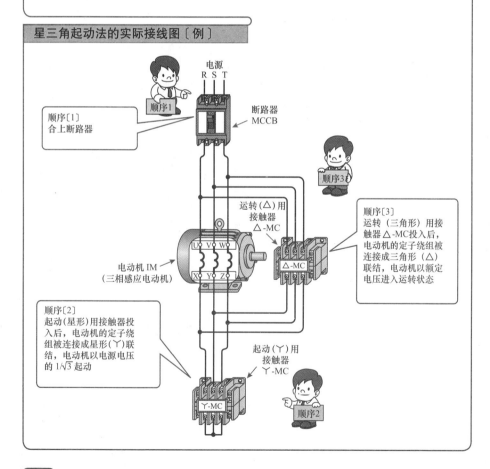

电源 R S T

顺序1

断路器 MCCB

顺序〔1〕
合上断路器

顺序3

运转（△）用
接触器
△-MC

顺序〔3〕
运转（三角形）用接触器 △-MC 投入后，电动机的定子绕组被连接成三角形（△）联结，电动机以额定电压进入运转状态

电动机 IM
（三相感应电动机）
U V W
X Y Z

顺序〔2〕
起动(星形)用接触器投入后，电动机的定子绕组被连接成星形(Y)联结，电动机以电源电压的 $1/\sqrt{3}$ 起动

起动（Y）用
接触器
Y-MC

顺序2

什么是电动机的电抗器起动法

❖ **电动机的电抗器起动法**是在电动机和电源之间插入起动用电抗器（铁心电抗器）。起动时，由于起动电流在电抗器上产生电压降，实际加在电动机上的电压是电源电压减去电抗器上的电压降。当电动机加速到一定速度时，将起动用电抗器短路，电动机进入额定电压运转状态。

❖ 使用电抗器起动法时，随着电动机转速的提高，起动电流逐渐变小，电抗器上的电压降也在逐渐降低，也就是加在电动机上的电压在逐渐上升，所以可以实现转速的平稳上升。这种起动方法一般应用于水泵、风机等**流体机械**和电梯、扶梯等**搬运机械**。

电抗器起动法的实际接线图〔例〕

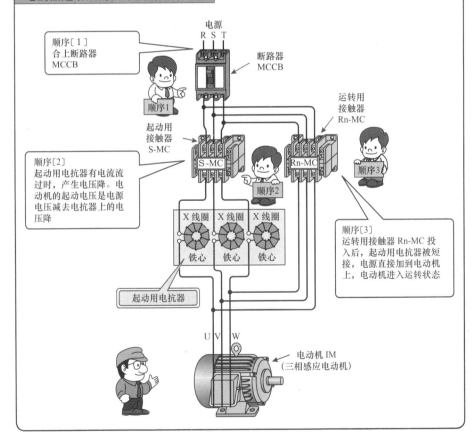

顺序〔1〕
合上断路器
MCCB

顺序1

顺序〔2〕
起动用电抗器有电流流过时，产生电压降。电动机的起动电压是电源电压减去电抗器上的电压降

顺序2

电源
R S T

断路器
MCCB

运转用
接触器
Rn-MC

起动用
接触器
S-MC

S-MC

Rn-MC

顺序3

X线圈　X线圈　X线圈

铁心　铁心　铁心

起动用电抗器

顺序〔3〕
运转用接触器 Rn-MC 投入后，起动用电抗器被短接，电源直接加到电动机上，电动机进入运转状态

U V W

电动机 IM
(三相感应电动机)

什么是电动机的起动补偿器起动法

● 减压起动法 ●

❖ **电动机的起动补偿器起动法**是在电动机和电源之间接入自耦变压器（起动补偿器）。起动时，加到电动机的电压是经由自耦变压器降压后的二次电压。电动机加速后，再将自耦变压器短接，电动机切换到电源上，进入运转状态。采用这种起动方式，对于相同的起动电流，可以获得更大的起动转矩，所以适用于对起动转矩要求较高的工况。

起动补偿器起动法的实际接线图〔例〕

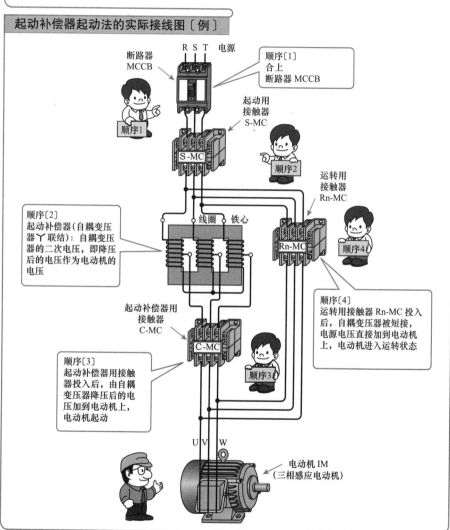

断路器 MCCB

R S T 电源

顺序[1]
合上
断路器 MCCB

起动用接触器 S-MC

S-MC

顺序1

顺序2

运转用接触器 Rn-MC

Rn-MC

顺序4

顺序[2]
起动补偿器（自耦变压器Y联结）：自耦变压器的二次电压，即降压后的电压作为电动机的电压

线圈　铁心

顺序[4]
运转用接触器 Rn-MC 投入后，自耦变压器被短接，电源电压直接加到电动机上，电动机进入运转状态

起动补偿器用接触器 C-MC

C-MC

顺序3

顺序[3]
起动补偿器用接触器投入后，由自耦变压器降压后的电压加到电动机上，电动机起动

U V W

电动机 IM
（三相感应电动机）

电动机直接起动法的实际接线图

❖ 下图是电动机直接起动法的实际接线图的例子。这里采用断路器作为电源开关，由接触器完成电动机电路的开闭。该接触器的开闭动作由 2 个按钮 PBS$_{ON}$ 和 PBS$_{OFF}$ 控制，电动机运转时红灯点亮，停止时绿灯点亮。

电动机直接起动法的实际接线图〔例〕

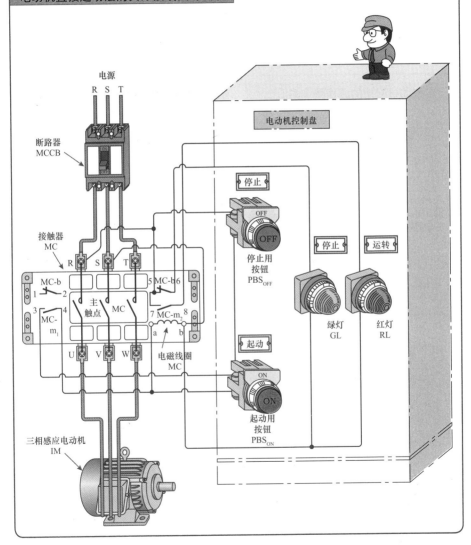

电动机起动 / 停止的流程图 ● 电动机的直接起动法 ●

❖ 下面用流程图来说明电动机直接起动法的动作顺序。左下图为电动机起动时的流程图。首先合上断路器 MCCB，绿灯点亮。接着按下起动用按钮 PBS$_{ON}$，按钮的常开触点 PBS$_{ON}$ 闭合，于是接触器 MC 动作，**电动机起动开始运转**。与此同时，红灯点亮，绿灯熄灭。

❖ 右下图为停止时的流程图。首先按下停止用按钮 PBS$_{OFF}$，请参照实物接线图（135页），从图中可以看出这是常闭触点，所以按下按钮时触点分开，接触器复位，主触点电路断开，**电动机停止运转**。与此同时，红灯熄灭，绿灯点亮。

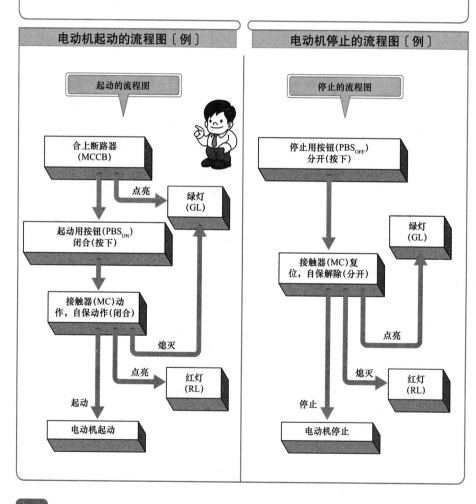

电动机起动的流程图〔例〕　　　　电动机停止的流程图〔例〕

电动机直接起动法的原理接线图

❖ 下图为电动机直接起动法的原理接线图。这里把接触器内部连接线和按钮、指示灯等元件之间的连接关系都表示为电气图形符号的形式。

● 电动机直接起动法的原理接线图〔例〕●

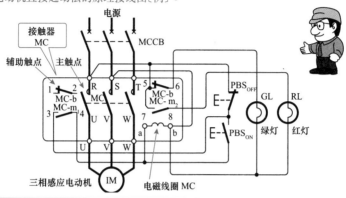

电动机直接起动法的顺序图

❖ 下图是将电动机直接起动法的实物接线图改画成的顺序图，可以对照原理接线图确认是否为相同的电路。

❖ 如下图所示，按下按钮，接触器 MC 自动投入，电动机按照事先预定的顺序起动运转。如果这时按下停止用按钮，电动机将会停止。那么，电动机是按照怎样的顺序起动、停止的呢？
下面将按照动作的不同阶段予以说明。

● 电动机直接起动法的顺序图〔例〕●

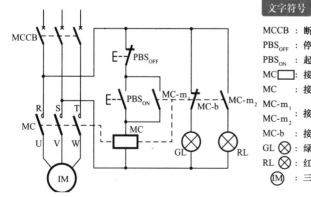

文字符号	
MCCB	：断路器
PBS$_{OFF}$	：停止用按钮
PBS$_{ON}$	：起动用按钮
MC▢	：接触器的电磁线圈
MC	：接触器的主触点
MC-m$_1$ MC-m$_2$	：接触器的辅助触点(常开触点)
MC-b	：接触器的辅助触点(常闭触点)
GL ⊗	：绿灯
RL ⊗	：红灯
ⓘM	：三相感应电动机

4 电动机直接起动法的起动动作顺序一〔1〕

电源电路的动作

● 顺序〔1〕●

▶ 在电动机直接起动法的顺序图中，如果合上断路器 MCCB，电源电压被接通，绿灯中有电流流过而点亮。

〔电路构成〕　　= 绿灯电路 =　　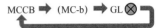

説明

● 绿灯 GL ⊗ 点亮，即使电动机 (IM) 停止运转，也能显示电源开关 MCCB 已经投入。

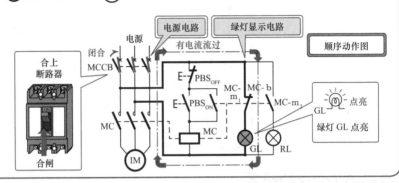

起动控制电路的动作

● 顺序〔2〕●

▶ 按下起动用按钮 PBS_ON，接触器的电磁线圈 MC ▢ 通电，有电流流过，接触器 MC 动作。

〔电路构成〕　　= 起动控制电路 =　　

説明

● 接触器的电磁线圈 MC ▢ 通电后，接下来的顺序〔3〕、〔4〕、〔5〕同时动作。

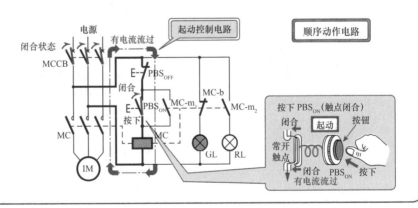

电动机主电路的动作

▶ 电磁线圈 MC ■有电流流过，接触器主触点 MC 闭合。

▶ 接触器的主触点 MC 闭合后，电源电压加到电动机⑩上，电动机开始起动旋转。

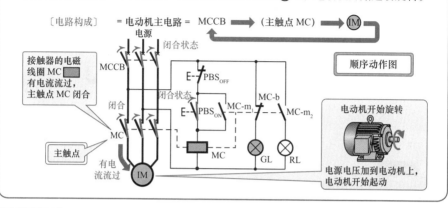

〔电路构成〕 = 电动机主电路 = MCCB ➡ （主触点 MC） ➡ IM

自保电路的动作

▶ 电磁线圈 MC ■有电流流过，主触点 MC 闭合，与此同时，与按钮 PBS$_{ON}$ 并联的接触器的辅助触点 MC-m$_1$ 闭合。

▶ 即使按下 PBS$_{ON}$ 的手放开，电流通过接触器的辅助触点 MC-m$_1$ 仍能流过电磁线圈 MC ■，实现自保功能，电动机继续旋转。

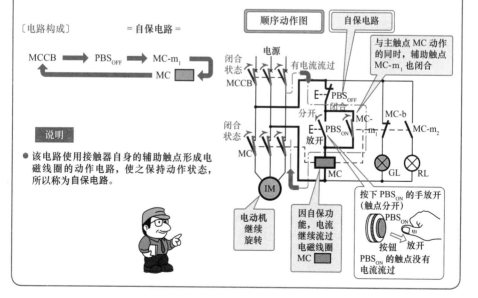

〔电路构成〕 = 自保电路 =

MCCB ➡ PBS$_{OFF}$ ➡ MC-m$_1$ ⤵
⤴ ⟵ MC ■

说明

● 该电路使用接触器自身的辅助触点形成电磁线圈的动作电路，使之保持动作状态，所以称为自保电路。

指示灯显示电路的动作 ● 顺序〔5〕●

▶ 电磁线圈 MC ■ 有电流流过时，接触器动作，其辅助常闭触点 MC-b 分开，辅助常开触点 MC-m₂ 闭合，绿灯 GL ⊗ 熄灭，红灯 RL ⊗ 点亮。

〔电路构成〕

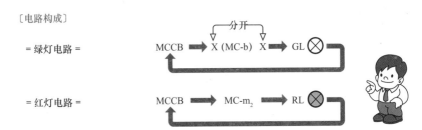

说 明

● 因为红灯电路的辅助触点 MC-m₂ 为常开触点，所以随着接触器 MC 的动作，红灯电路闭合，红灯中有电流流过，因此，红灯 RL ⊗ 点亮。

● 绿灯电路的辅助触点 MC-b 为常闭触点，由于接触器 MC 的动作，使得绿灯电路断开，绿灯中没有电流流过，因此，绿灯 GL ⊗ 熄灭。

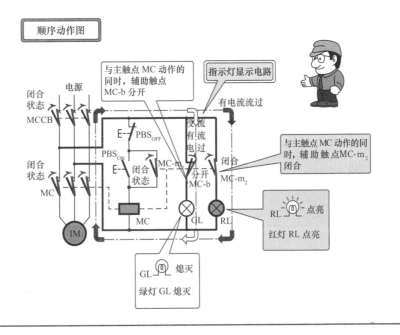

停止控制电路的动作 ●顺序〔6〕●

▶ 按下停止用按钮 PBS_{OFF}，其常闭触点分开，接触器的电磁线圈 MC □不再有电流流过，接触器 MC 复位。

〔电路构成〕

= 停止控制电路 =

MCCB ➡ X (PBS_{OFF}) X ➡ (MC-m₁) ➡ MC □

说明

● 接触器的电磁线圈□不再有电流流过，接下来的顺序〔7〕、〔8〕、〔9〕同时动作。

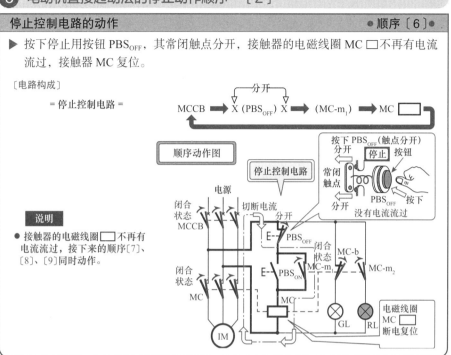

电动机的主电路的动作 ●顺序〔7〕●

▶ 接触器的电磁线圈 MC □没有电流流过时，主触点 MC 分开。

▶ 主触点 MC 分开，电动机 IM 断开电源，电动机停止。

〔电路构成〕

= 电动机主电路 =

MCCB ➡ X (主触点 MC) X ➡ IM

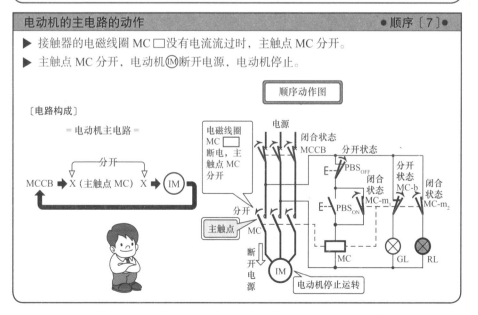

自保电路的动作

▶ 如果接触器的电磁线圈 MC □ 不再流过电流，与起动用按钮 PBS$_{ON}$ 并联的自保辅助常开触点 MC-m$_1$ 复位，自保电路断开。

▶ 接触器的辅助常开触点 MC-m$_1$ 分开后，即使放开停止用按钮 PBS$_{OFF}$，即停止用按钮的常闭触点闭合，接触器的电磁线圈□也不会有电流流过，电动机仍保持停止状态。

说 明

● 该动作称为**解除自保**。

〔电路构成〕　= 自保电路 =

MCCB ⟹ PBS$_{OFF}$ ⟹ X(MC-m$_1$)X ⟹ MC□（分开）

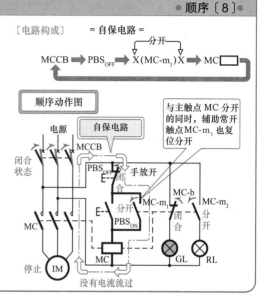

指示灯显示电路的动作
● 顺序〔9〕●

▶ 接触器的电磁线圈 MC □断电复位后，红灯 RL ⊗熄灭，绿灯 GL ⊗点亮。

● 至此全部电路返回到最初的状态。

说 明

● 控制红灯电路的触点 MC-m$_2$ 是接触器的常开触点。当接触器复位时，该触点也随之复位，电路断开，红灯 RL ⊗断电熄灭。

● 控制绿灯电路的触点 MC-b 是接触器的常闭触点。当接触器复位时，该触点也随之复位，电路闭合，绿灯 GL ⊗通电点亮。

〔电路构成〕
= 红灯电路 = MCCB ⟹ X(MC-m$_2$)X ⟹ RL⊗
= 绿灯电路 = MCCB ⟹ (MC-b) ⟹ GL⊗

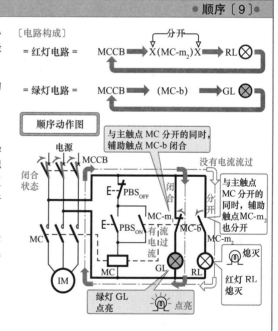

8-4 自动扬水装置的控制

1 自动扬水装置的动作原理

什么是自动扬水装置

❖ **自动扬水装置**是利用水泵从水源（水井或主管道）把水抽到高处的水箱中，再输送给各个用户的装置。

❖ 预先确定水箱中水位的上限和下限，并采用液位开关检测水位的上限和下限。当水位下降到下限位置时，起动水泵抽水。当水位达到上限位置时，停止水泵运转，并在水位再次下降到下限位置之前一直处于停止状态。这样可以为水箱自动补水，并能够保持一定的蓄水量。

自动扬水装置〔例〕

❖ 采用液位自动控制的自动扬水装置被广泛应用于楼宇、医院、学校等建筑物的供水箱的自动供水、下水槽的排水以及工业用冷却水的自动给排水等领域。

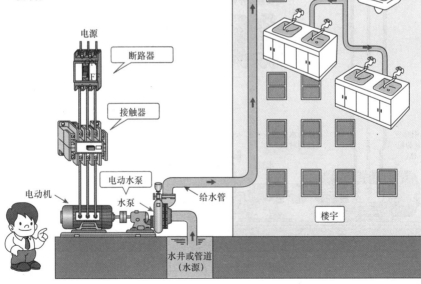

自动扬水装置的实际接线图〔例〕

❖ 下图是由电动水泵从水源（水井）抽水到水箱，然后将水配送至各个用户的自动扬水装置的实际接线图。

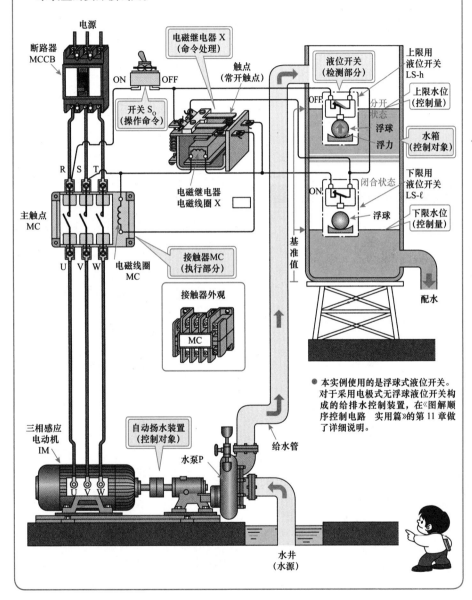

电源

断路器
MCCB

开关 S_0
（操作命令）

ON   OFF

电磁继电器 X
（命令处理）

触点
（常开触点）

液位开关
（检测部分）

上限用
液位开关
LS-h

OFF   分开
状态

上限水位
（控制量）

浮球
浮力

水箱
（控制对象）

R S T

电磁继电器
电磁线圈 X

ON   闭合状态

下限用
液位开关
LS-ℓ

主触点
MC

接触器MC
（执行部分）

浮球

下限水位
（控制量）

U V W

电磁线圈
MC

接触器外观

MC

基准值

配水

三相感应
电动机
IM

自动扬水装置
（控制对象）

● 本实例使用的是浮球式液位开关。对于采用电极式无浮球液位开关构成的给排水控制装置，在《图解顺序控制电路 实用篇》的第11章做了详细说明。

给水管

U V W

水泵P

水井
（水源）

自动扬水装置的系统构成图〔例〕

❖ 下图为自动扬水装置的系统构成图，读者可以结合一般的顺序控制的系统构成图
（见 8-1 节 124 页）对照学习。

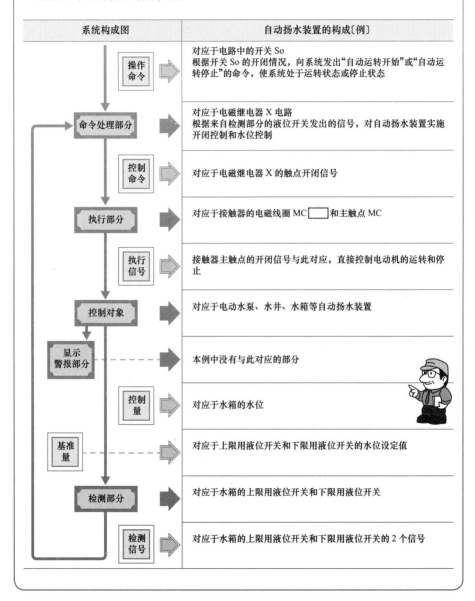

系统构成图	自动扬水装置的构成〔例〕
操作命令	对应于电路中的开关 So 根据开关 So 的开闭情况，向系统发出"自动运转开始"或"自动运转停止"的命令，使系统处于运转状态或停止状态
命令处理部分	对应于电磁继电器 X 电路 根据来自检测部分的液位开关发出的信号，对自动扬水装置实施开闭控制和水位控制
控制命令	对应于电磁继电器 X 的触点开闭信号
执行部分	对应于接触器的电磁线圈 MC□ 和主触点 MC
执行信号	接触器主触点的开闭信号与此对应，直接控制电动机的运转和停止
控制对象	对应于电动水泵、水井、水箱等自动扬水装置
显示警报部分	本例中没有与此对应的部分
控制量	对应于水箱的水位
基准量	对应于上限用液位开关和下限用液位开关的水位设定值
检测部分	对应于水箱的上限用液位开关和下限用液位开关
检测信号	对应于水箱的上限用液位开关和下限用液位开关的 2 个信号

液位开关

❖ 一般把检测各种物料的表面和基准面之间的距离称为料位检测，料位检测仪器一般称为料位开关。这里使用的是检测液体的开关，所以称之为**液位开关**。

❖ 液位开关种类很多，这里就浮球受到液体的浮力使微动开关动作的浮球式液位开关予以说明。

液位开关处于水中时的动作

❖ 如果使用液位开关（浮球式液位开关）内部的微动开关的常闭触点，则平时为闭合状态，动作时为开路状态。如下图所示，液位开关处于水中时，由于浮球受到水的浮力作用，触动按钮，使其微动开关的常闭触点动作而分开。

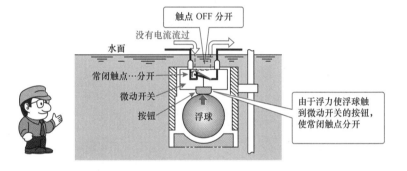

液位开关在水面上方时的动作

❖ 如下图所示，液位开关（浮球液位开关）在水面上方时，浮球没有受到浮力作用，没有触及微动开关的按钮，常闭触点为复位状态而闭合。

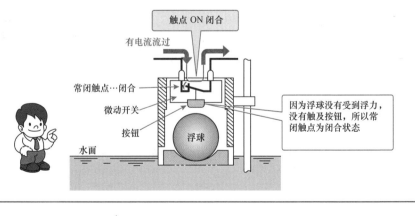

3 水箱的水位在"下限"时的动作顺序

水箱的水位在"下限"时的顺序图

❖自动扬水装置水箱的水位在"下限"时的顺序图如右图所示。请与下面的实际接线图对照学习。

● 水箱的水位在"下限"时的顺序图 ●

文字符号

LS- h	：上限用液位开关
LS-ℓ	：下限用液位开关
(P)	：水泵
X ▭	：电磁继电器 X 的电磁线圈
X-m₁, X-m₂	：电磁继电器 X 的常开触点
MC ▭	：接触器 MC 的电磁线圈
MC	：接触器 MC 的主触点

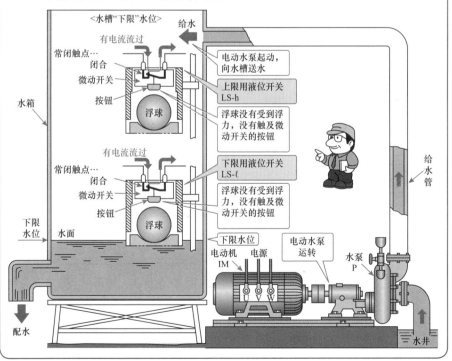

● 水箱的水位在"下限"时的实际接线图 ●

<水槽"下限"水位>

给水

常闭触点… 闭合
微动开关
按钮
浮球

有电流流过

电动水泵起动，向水槽送水

上限用液位开关 LS-h

浮球没有受到浮力，没有触及微动开关的按钮

水箱

有电流流过

常闭触点… 闭合
微动开关
按钮
浮球

下限用液位开关 LS-ℓ

浮球没有受到浮力，没有触及微动开关的按钮

给水管

下限水位
水面

下限水位

电动机 IM 电源

电动水泵运转

水泵 P

配水

水井

3 水箱的水位在"下限"时的顺序动作（续）

电动水泵的起动、运转动作（水箱的水位在"下限"时）

❖ 当自动扬水设置的水箱的水位下降到下限水位时，电动水泵起动运转，将水送往水箱。

电源电路、下限用液位开关电路的动作 ● 顺序〔1〕●

▶（1）合上断路器，电路闭合。

▶（2）合上开关 So。

▶（3）水箱的水位逐渐下降，当下降到"下限水位"时，下限用液位开关 LS-ℓ 因浮球不受浮力作用，常闭触点复位闭合。

▶（4）LS-ℓ 闭合后，电磁继电器的电磁线圈 X ▢ 因有电流流过而动作。

〔电路构成〕
= 下限用液位开关电路 = MCCB ➡ So ➡ (LS-h) ➡ (LS-ℓ) ➡ X ▢

顺序动作图

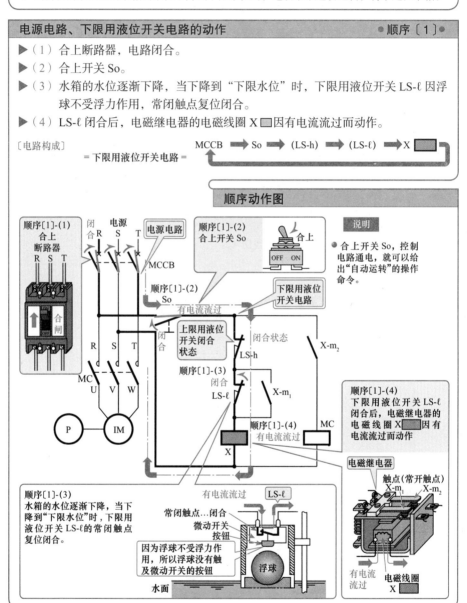

接触器电路、主电路的动作

●顺序〔2〕●

▶（1）电磁继电器 X 动作，其常开触点 X-m₂ 闭合。

▶（2）电磁继电器的常开触点 X-m₂ 闭合，接触器的电磁线圈 MC □中有电流流过而动作。

▶（3）接触器动作，主触点 MC 闭合。

▶（4）接触器的主触点 MC 闭合，电源电压加到电动机ⓘ上，电动机起动。

▶（5）电动机起动后，带动水泵Ⓟ运转，开始向水箱送水。

〔电路构成〕

=接触器电路=　MCCB ➡ So ➡ X-m₂ ➡ MC □

=主　电　路=　MCCB ➡ （主触点 MC） ➡ Ⓘⓜ

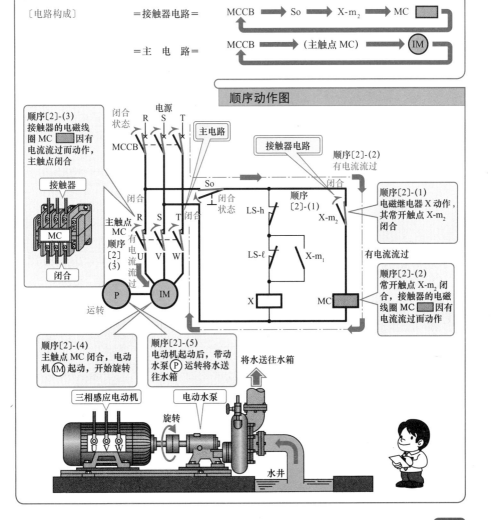

顺序动作图

顺序[2]-(3) 接触器的电磁线圈 MC □因有电流流过而动作，主触点闭合

接触器

MC

闭合

顺序[2]-(2) 有电流流过

接触器电路

顺序[2]-(1) 电磁继电器 X 动作，其常开触点 X-m₂ 闭合

有电流流过

顺序[2]-(2) 常开触点 X-m₂ 闭合，接触器的电磁线圈 MC □因有电流流过而动作

顺序[2]-(4) 主触点 MC 闭合，电动机Ⓘⓜ起动，开始旋转

顺序[2]-(5) 电动机起动后，带动水泵Ⓟ运转将水送往水箱

将水送往水箱

三相感应电动机　电动水泵　旋转　水井

第 8 章　通过实例剖析顺序控制的动作原理

149

自保电路的动作 ●顺序〔3〕●

▶(1) 由于电磁继电器 X 的动作使与 LS-ℓ 并联连接的触点 X-m₁ 也随之闭合。

▶(2) 水泵起动运转,当水箱的水位上升时,下限用液位开关 LS-ℓ 的常闭触点动作分开。

▶(3) 即使液位开关 LS-ℓ 的常闭触点分开,因通过电磁继电器 X 的常开触点 X-m₁ 继续保持电磁线圈 X ▢ 仍有电流流过,所以水泵继续运转。

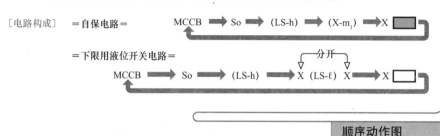

〔电路构成〕 =自保电路= MCCB ➡ So ➡ (LS-h) ➡ (X-m₁) ➡ X ▢

=下限用液位开关电路= MCCB ➡ So ➡ (LS-h) ➡ X (LS-ℓ) X ➡ X ▢

分开

顺序动作图

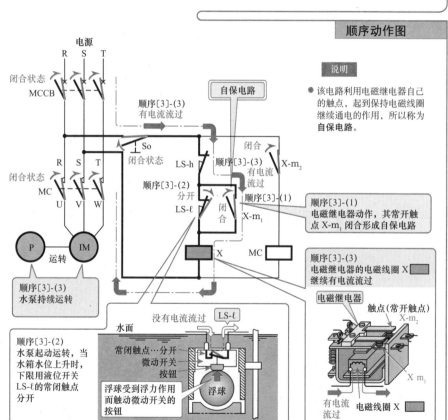

说明

● 该电路利用电磁继电器自己的触点,起到保持电磁线圈继续通电的作用,所以称为**自保电路**。

电源
R S T
闭合状态
MCCB

顺序[3]-(3)
有电流流过

自保电路

闭合

So
闭合状态
LS-h

顺序[3]-(3)
有电流流过

X-m₂

R S T
闭合状态
MC
U V W

顺序[3]-(2)
分开
LS-ℓ

闭合

顺序[3]-(1)

X-m₁

顺序[3]-(1)
电磁继电器动作,其常开触点 X-m₁ 闭合形成自保电路

P 运转 IM

X MC

顺序[3]-(3)
电磁继电器的电磁线圈 X ▢ 继续有电流流过

顺序[3]-(3)
水泵持续运转

没有电流流过 LS-ℓ
水面

电磁继电器

触点(常开触点)
X-m₂

顺序[3]-(2)
水泵起动运转,当水箱水位上升时,下限用液位开关 LS-ℓ的常闭触点分开

常闭触点…分开
微动开关
按钮

浮球受到浮力作用而触动微动开关的按钮

浮球

X m₁

有电流流过 电磁线圈 X ▢

水箱的水位在"上限"时的顺序图

❖ 自动扬水装置水箱的水位在"上限"时的顺序图如右图所示，请参照左图的实际接线图对照学习。

● 水箱的水位在"上限"时的实际接线图和顺序图 ●

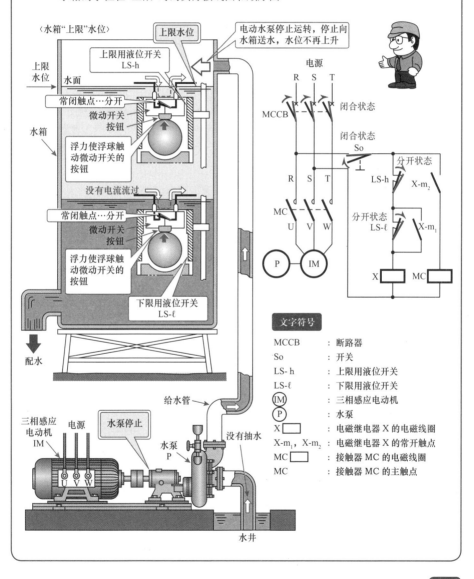

文字符号

MCCB	:	断路器
So	:	开关
LS- h	:	上限用液位开关
LS-ℓ	:	下限用液位开关
ⓘⓜ	:	三相感应电动机
ⓟ	:	水泵
X ☐	:	电磁继电器 X 的电磁线圈
X-m₁, X-m₂	:	电磁继电器 X 的常开触点
MC ☐	:	接触器 MC 的电磁线圈
MC	:	接触器 MC 的主触点

电动水泵的停止动作（水箱的水位在"上限"时）

❖ 自动扬水装置的水箱水位如果达到上限，电动水泵停止运转，停止向水箱送水，
 水箱水位不再上升。

上限用液位开关电路的动作 ●顺序〔1〕●

▶（1）因电动水泵运转使得水箱的水位上升，当达到"上限水位"时，上限用液位
 开关 LS-h 的浮球受到浮力作用使常闭触点动作分开。

▶（2）上限用液位开关 LS-h 的常闭触点分开后，电磁继电器的电磁线圈 X □ 断电
 复位。

〔电路构成〕 =上限用液位开关电路=

$$MCCB \Longrightarrow So \Longrightarrow X \text{ (LS-h) } X \Longrightarrow (X\text{-}m_1) \Longrightarrow X \square$$

分开

● 电磁继电器 X 复位，接下来的顺序〔2〕、〔3〕同时动作。

顺序动作图

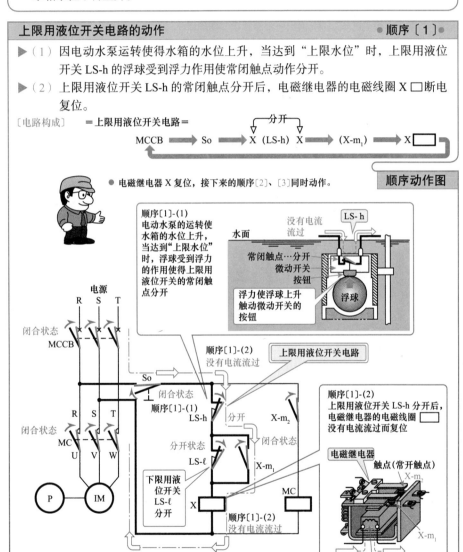

顺序[1]-(1)
电动水泵的运转使
水箱的水位上升，
当达到"上限水位"
时，浮球受到浮力
的作用使得上限用
液位开关的常闭触
点分开

LS-h
没有电流流过
水面
常闭触点…分开
微动开关按钮
浮力使浮球上升触动微动开关的按钮
浮球

电源
R S T
闭合状态
MCCB

So
顺序[1]-(2)
没有电流流过
上限用液位开关电路

闭合状态
顺序[1]-(1)
LS-h
分开

R S T
MC
U V W
闭合状态

顺序[1]-(2)
上限用液位开关 LS-h 分开后，
电磁继电器的电磁线圈 □
没有电流流过而复位

X-m₂

分开状态
LS-ℓ
闭合状态

电磁继电器
触点（常开触点）
X-m₂

下限用液位开关
LS-ℓ
分开

X-m₁

P IM

X
MC

顺序[1]-(2)
没有电流流过

X-m₁

电磁线圈 X □
没有电流流过

▶（1）电磁继电器 X 复位后，其常开触点 X-m$_2$ 分开。

▶（2）电磁继电器 X 的常开触点 X-m$_2$ 分开后，接触器因电磁线圈 X□断电复位。

▶（3）接触器 MC 复位，其主触点 MC 分开。

▶（4）接触器的主触点 MC 分开后，电动机 Ⓘ 因断开电源而停止。

▶（5）电动机停止后，水泵 ⓅＰ 也停止运转，不再向水箱送水。

〔电路构成〕

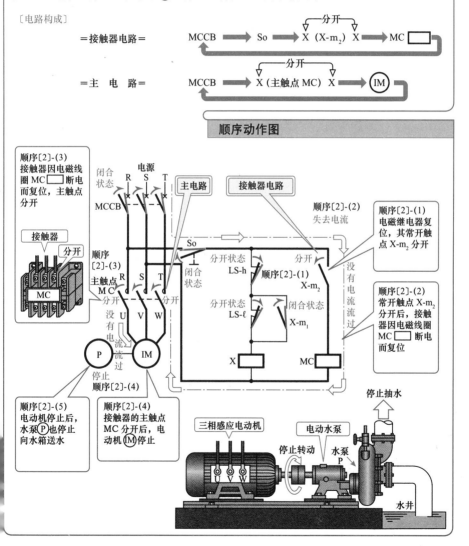

自保电路的动作

● 顺序〔3〕●

▶（1）因电磁继电器 X 复位，使得与触点 LS-ℓ 并联连接的触点 X-m₁ 分开。

▶（2）随着水箱中的水被使用，水位降低，因此上限用液位开关 LS-h 复位，其常闭触点闭合。

▶（3）下限液位开关 LS-ℓ 的常闭触点和电磁继电器 X 的常开触点 X-m₁ 都是分开状态，所以电磁线圈 X□ 依然没有电流，为复位状态。

▶（4）电动机断开电源电压而停止，水泵停止运转，并且在水位下降到下限之前一直保持停止状态。

〔电路构成〕　＝自保电路＝

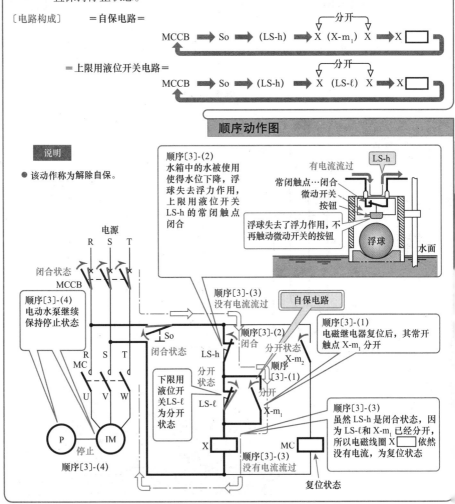

〔电路构成〕

=自保电路=

MCCB ➡ So ➡ (LS-h) ➡ X (X-m₁) X ➡ X□

=上限用液位开关电路=

MCCB ➡ So ➡ (LS-h) ➡ X (LS-ℓ) X ➡ X□

顺序动作图

说明

● 该动作称为解除自保。

顺序[3]-(2)
水箱中的水被使用
使得水位下降，浮
球失去浮力作用，
上限用液位开关
LS-h 的常闭触点
闭合

有电流流过
常闭触点…闭合
微动开关
按钮
LS-h

浮球失去了浮力作用，不
再触动微动开关的按钮
浮球
水面

电源
R S T
闭合状态
MCCB

顺序[3]-(4)
电动水泵继续
保持停止状态

顺序[3]-(3)
没有电流流过

自保电路

顺序[3]-(2)
闭合

顺序[3]-(1)
电磁继电器复位后，其常开
触点 X-m₁ 分开

R S T
MC

So
闭合状态

LS-h

分开状态
X-m₂

顺序
[3]-(1)
分开

U V W

下限用
液位开
关LS-ℓ
为分开
状态

分开
状态

LS-ℓ

X-m₁

顺序[3]-(3)
虽然 LS-h 是闭合状态，因
为 LS-ℓ 和 X-m₁ 已经分开，
所以电磁线圈 X□ 依然
没有电流，为复位状态

P IM
停止
顺序[3]-(4)

X

MC

顺序[3]-(3)
没有电流流过

复位状态

第9章

带有时间差的顺序控制

❖ 最近，伴随着自动化、省力化的需求，从传统的工业机械到普通的家用电器，带有时间差的顺序控制都得到了广泛的应用。

❖ 在带有时间差的顺序控制系统中，定时器起到了非常重要的作用。定时器（延时继电器）是指"从继电器得到输入信号直至输出信号被输出的这段时间内，加入一定的延时时间，当继电器线圈通电或断电后，要经过一定时间的延迟后才能够做出输出的动作"。

❖ 单独的定时器本身的计时功能无法直接控制各种装置，只有把定时器和各种开关、辅助继电器等元件组合起来，才能发挥延时传递信号的作用，成为有延时功能的继电器。

本章关键点

  本章的学习目的是，了解带有时间差顺序控制中的基本元件——定时器，深刻理解延时动作、延时复位的工作原理。

1. 给出定时器特别是电动机式定时器的构造图和实际接线图，并对定时器本身的动作机构和动作顺序做了说明。
2. 给出延时动作触点和延时复位触点的电气图形符号和动作时序图。
3. 以灯间歇点亮电路、蜂鸣器鸣响电路为例，详细描述定时器产生延时动作和延时复位的工作原理。

9-1 什么是定时器

什么是定时器

❖ 定时器是带有延时触点的继电器。当定时器加上电气或机械的输入信号，并经过
预先设定的时间后，其触点动作，对电路实施闭合（ON）和分断（OFF）控制。

❖ 对于普通的电磁继电器，当加上输入信号时，电磁线圈流过电流，输出（可动）触
点几乎瞬间动作。而对于定时器（延时继电器），即使加上输入信号，输出触点也
不会立即动作，而是需要经过一定的时间延迟后，输出触点才能动作。

定时器的种类和特点

种类	工作原理	特点
电动机式定时器	❖ 电气的输入信号使电动机旋转，利用电动机的机械的动作得到时间延迟，经过预定的延时时间后，定时器的输出触点做出开闭动作	● 可以设置短时间延时，也可以设置长时间延时 ● 可动指针显示经过的延时时间 ● 受温度变化、电压波动的影响小
电子式定时器	❖ 利用电容和电阻组合电路的充放电特性，产生预先设定的时间延迟，实现输出触点的延时开闭动作	● 可以设定微小的延时时间 ● 可以高频率动作，机械寿命长 ● 无触点输出方式，独立的时间设定部分
阻尼式定时器（空气阻尼式定时器 油压阻尼式定时器）	❖ 利用空气、油等流体的阻尼效应产生时间的延迟，并与电磁继电器组合在一起，实现触点的开闭动作	● 空气阻尼式定时器的操作部分被解除封锁后，开始计时 ● 延时的时间精度比较差

定时器的外观图〔例〕

● 电动机式定时器 ●

设定指针
旋钮
时间刻度盘

时间的设定法

旋转旋钮，将设定指针对准时间刻度盘上需要的时间值

● 电子式定时器 ●

设定指针
旋钮
时间刻度盘

50/60Hz
SOLID STATE TIMER

9-2 电动机式定时器的接线图和动作展开图

① 电动机式定时器的接线图

电动机式定时器的接线图

❖ **电动机式定时器**是利用同步电动机（例如瓦伦同步电动机）的转速与电源频率成比例的特性作为延时的基准，定时时间可长可短，设定的范围较宽。只要电源频率比较稳定就可以获得比较高的定时精度。

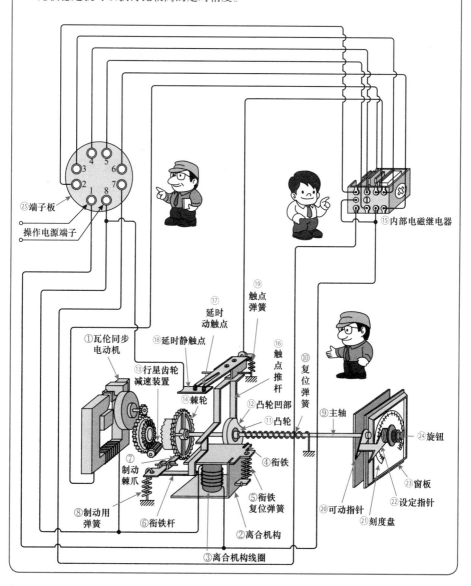

㉕端子板

操作电源端子

⑮内部电磁继电器

⑰延时动触点

⑲触点弹簧

⑱延时静触点

⑯触点推杆

⑩复位弹簧

①瓦伦同步电动机

⑬行星齿轮减速装置

⑭棘轮

⑫凸轮凹部

⑪凸轮

⑨主轴

㉔旋钮

⑦制动棘爪

④衔铁

㉓窗板

⑧制动用弹簧

⑥衔铁杆

⑤衔铁复位弹簧

㉒设定指针

⑳可动指针

㉑刻度盘

②离合机构

③离合机构线圈

第9章 带有时间差的顺序控制

157

电动机式定时器的动作展开图和动作顺序

❖ 下图为电动机式定时器的动作展开图。

❖ 学习时请对照 157 页的实际接线图。

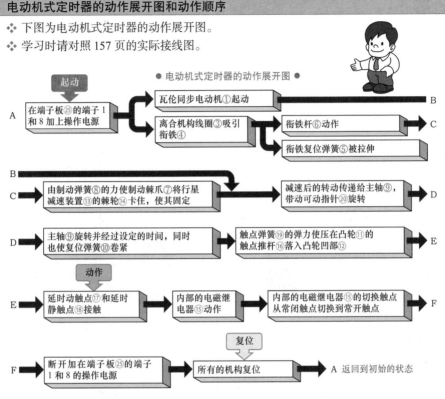

● 电动机式定时器的动作展开图 ●

（1）在端子板 ㉕ 的端子 1 和 8 加上操作电源，瓦伦同步电动机①起动，与此同时，离合机构的线圈③也通电，衔铁④被吸合。

（2）由于衔铁④被吸合，使制动棘爪⑦卡住行星减速装置 ⑬ 的棘轮 ⑭ 使其固定。这时虽然棘轮 ⑭ 被卡住，但是，由于离合机构的特殊构造，主轴⑨是可以转动的。

（3）瓦伦同步电动机①的转动经过行星减速装置 ⑬ 的减速后传递给主轴⑨，并使复位弹簧⑩卷紧。

（4）经过设定时间后，触点推杆 ⑯ 落入凸轮的凹部 ⑫，延时动触点 ⑰ 闭合。

（5）延时动触点 ⑰ 闭合后，内部的电磁继电器 ⑮ 通电，使其输出触点动作。与此同时，瓦伦同步电动机①的励磁电路断电，电动机停止转动。可是衔铁④还是保持吸合的状态，所以延时动触点 ⑰ 仍保持动作的状态。

（6）断开操作电源后，离合机构线圈③断电，离合机构脱开，动作的各个部分返回到初始状态。

电动机式定时器的内部构造及其动作

● 瓦伦同步电动机〔例〕●

齿轮
铁心
线圈

电动机式定时器标准配置多采用瓦伦同步电动机。这种电动机的转速与电源频率完全同步，可以获得稳定的转速，而且在很低的转速时也能获得足够大的转矩，因此可以降低齿轮的转速比。

● 行星齿轮减速装置〔例〕●

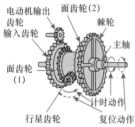

电动机输出齿轮
输入齿轮
面齿轮(2)
棘轮
主轴
面齿轮(1)
计时动作
行星齿轮
复位动作

行星齿轮减速装置是由 2 个面齿轮和 1 个平齿轮组合而成。电动机驱动输入齿轮按逆时针方向旋转，随之带动行星齿轮自转。

计时动作： 与电动机起动的同时，离合器的制动棘爪卡住棘轮使其固定不动，所以行星齿轮在自转运动的同时还以主轴为中心做公转运动。输入齿轮每转一圈，带动行星齿轮公转 1/2 圈，并将公转传递给主轴。当到达设定时间时，触点动作。

● 离合机构〔例〕●

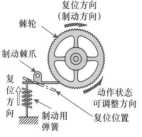

复位方向(制动方向)
棘轮
制动棘爪
复位方向
制动用弹簧
动作状态可调整方向
复位位置

行星齿轮减速装置的棘轮圆周上制作成锯齿形状，制动棘爪插入棘轮锯齿的齿谷，产生复位方向的制动力，使棘轮固定不能转动。

复位动作： 计时动作结束后，切断电源，离合机构使棘爪脱开，棘轮的固定被解除。由复位弹簧产生的力驱使主轴顺时针方向旋转。主轴的旋转带动行星齿轮公转和自转，随之带动棘轮旋转。主轴每转一圈，棘轮转动 2 圈，主轴按照复位方向旋转直至回到时间设定的初始位置。

● 凸轮电磁铁式快速切换装置〔例〕●

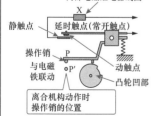

内部电磁继电器线圈
X
延时触点(常开触点)
静触点
操作销 P
与电磁铁联动
P′
动触点
凸轮凹部

离合机构动作时操作销的位置

内部电磁继电器的输出触点有延时动作触点和延时切换触点。当有输入信号输入时，操作销从点 P 位置移动到点 P′ 的位置，触点杆在凸轮的凸台部分滑动。当设定时间到达，凸轮的凹部转向触点杆，触点杆落入凸轮凹部，使延时触点动作，内部电磁继电器线圈通电。

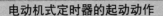

9-3 电动机式定时器的内部动作顺序

1 电动机式定时器的起动动作

电动机式定时器的起动动作

❖ 把电动机式定时器的内部接线图改画成顺序图,并说明其动作顺序。

顺序〔1〕 合上电源的断路器 MCCB,电源电压加到端子 1 和 8 上。

〔2〕 电源电压加到端子 1 和 8 上后,离合机构线圈有电流流过,离合机构动作。

〔3〕 瓦伦同步电动机 SM 有电流流过,电动机开始转动。

〔4〕 内部的电磁继电器 X 的常闭触点 X-b₁ 有电流流过后,绿灯 GL 点亮。

〔电路〕

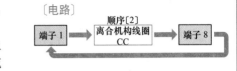

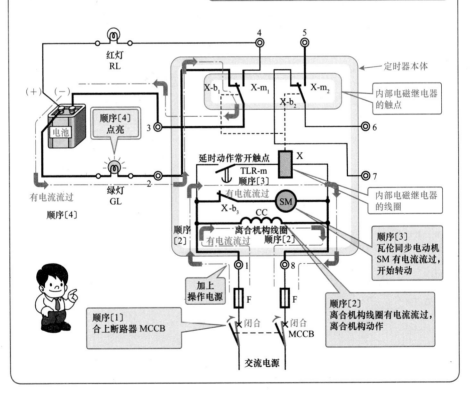

到达设定延时时间后的动作

顺序〔5〕 起动后开始计时，当到达设定的延时时间，延时动作常开触点 TLR-m 动作闭合。

〔6〕 延时动作常开触点 TLR-m 动作闭合，内部电磁继电器的线圈 X 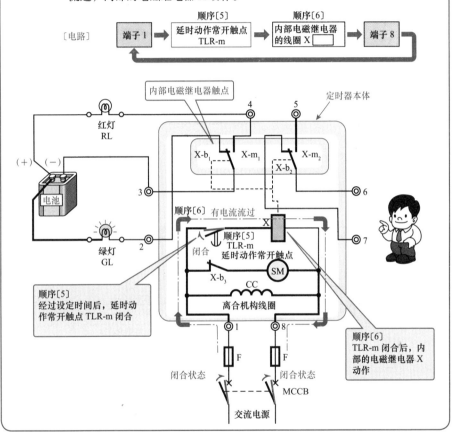 有电流流过，内部的电磁继电器 X 动作。

〔电路〕

| 端子 1 | 顺序〔5〕
延时动作常开触点
TLR-m | 顺序〔6〕
内部电磁继电器
的线圈 X | 端子 8 |

定时器本体

内部电磁继电器触点

红灯 RL

(+) (−) 电池

绿灯 GL

X-b₁ X-m₁ X-m₂ X-b₂

顺序〔6〕 有电流流过

顺序〔5〕 TLR-m 延时动作常开触点
闭合

SM

X-b₃ CC

离合机构线圈

顺序〔5〕
经过设定时间后，延时动作常开触点 TLR-m 闭合

顺序〔6〕
TLR-m 闭合后，内部的电磁继电器 X 动作

F F

闭合状态 闭合状态 MCCB

交流电源

小知识 ▶ 顺序控制电路的基本思路

❖ **故障保护**（Fail Safe）…当机器或元件发生故障时，为了将故障影响控制在最小程度，在设计上是使停止电路、安全保护电路立即动作，该功能称为"故障保护"。

❖ **容错措施**（Fool Proof）…机器、设备的操作者可能会出现一些错误的操作。如果出现了错误的操作，也不应当出现相应的错误动作；所以必须构建应对误操作的安全电路，这就是"容错措施"。

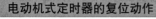

3 电动机式定时器的复位动作

电动机式定时器的复位动作

❖ 内部的电磁继电器 X 动作后，同时执行如下顺序。

〔7〕 内部的电磁继电器 X 的切换触点从 X-b₁ 切换到 X-m₁。

〔8〕 X-b₁ 分开，绿灯 GL 熄灭。

〔9〕 X-m₁ 闭合，红灯 RL 点亮。

〔10〕 由于内部电磁继电器 X 的动作使触点 X-b₃ 分开，瓦伦同步电动机 SM 因电源被断开而停止运转。

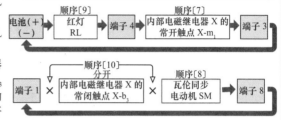

〔11〕 如果断开断路器 MCCB，则定时器的所有机构都恢复到初始状态。

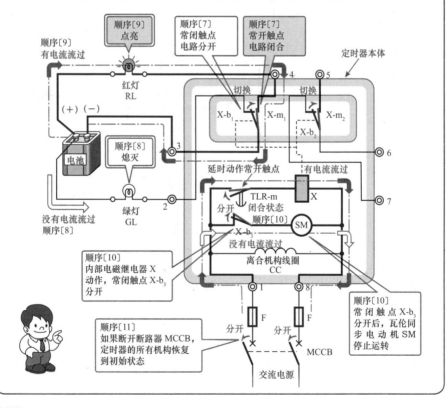

9-4 定时器延时触点的图形符号和时序图

1 定时器的延时触点及其图形符号

定时器延时触点图形符号的画法

❖ 具有时间延迟功能触点的图形符号表示为常开触点和常闭触点的图形符号与延时
   动作或延时复位的图形符号的组合形式。

延时动作瞬时复位的图形符号

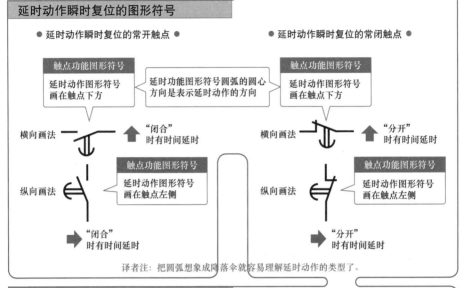

● 延时动作瞬时复位的常开触点 ●

触点功能图形符号
延时动作图形符号
画在触点下方

延时功能图形符号圆弧的圆心
方向是表示延时动作的方向

横向画法 ↑ "闭合"
时有时间延时

触点功能图形符号
延时动作图形符号
画在触点左侧

纵向画法

➡ "闭合"
时有时间延时

● 延时动作瞬时复位的常闭触点 ●

触点功能图形符号
延时动作图形符号
画在触点下方

横向画法 ↑ "分开"
时有时间延时

触点功能图形符号
延时动作图形符号
画在触点左侧

纵向画法

➡ "分开"
时有时间延时

译者注：把圆弧想象成降落伞就容易理解延时动作的类型了。

延时复位触点的图形符号

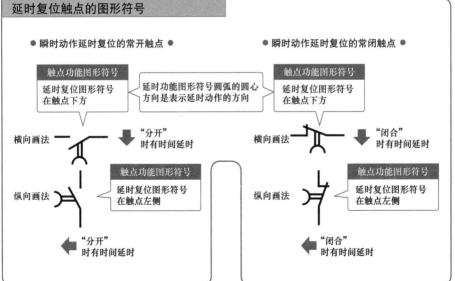

● 瞬时动作延时复位的常开触点 ●

触点功能图形符号
延时复位图形符号
在触点下方

延时功能图形符号圆弧的圆心
方向是表示延时动作的方向

横向画法 ⬇ "分开"
时有时间延时

触点功能图形符号
延时复位图形符号
在触点左侧

纵向画法

⬅ "分开"
时有时间延时

● 瞬时动作延时复位的常闭触点 ●

触点功能图形符号
延时复位图形符号
在触点下方

横向画法 ⬇ "闭合"
时有时间延时

触点功能图形符号
延时复位图形符号
在触点左侧

纵向画法

⬅ "闭合"
时有时间延时

2 延时触点的时序图

延时动作瞬时复位触点的时序图 ● 瞬时复位触点 ●

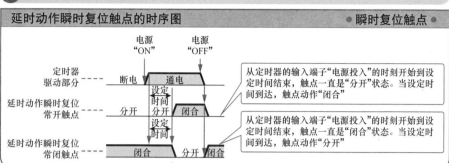

瞬时动作延时复位触点的时序图 ● 瞬时动作触点 ●

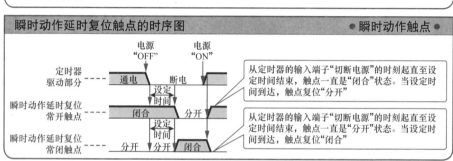

"瞬时动作瞬时复位触点"与"延时触点"的比较

❖ 普通的电磁继电器的触点被称为 **"瞬时动作瞬时复位触点"**。

下图对电磁继电器的触点和定时器的延时动作触点（瞬时复位触点）及延时复位触点（瞬时动作触点）随时间变化的过程的时序图进行比较。

名称		时序图							
定时器驱动部分		断电	通电		断电		通电		
延时动作触点 （瞬时复位触点）	常开触点 （闭合时）	分开	设定 时间	闭合	分开		设定 时间	闭合	
	常闭触点 （分开时）	闭合	设定 时间	分开	闭合		设定 时间	分开	
延时复位触点 （瞬时动作触点）	常开触点 （分开时）	分开		闭合	设定 时间	分开	闭合		
	常闭触点 （闭合时）	闭合		分开	设定 时间	闭合	分开		
普通的 电磁继电器 (瞬时动作 瞬时复位触点)	常开触点	分开	闭合		分开		闭合		
	常闭触点	闭合	分开		闭合		分开		

左侧：延时触点及其时序图

9-5 延时动作、指示灯点亮电路

1 指示灯点亮电路（延时动作）的实际接线图

延时动作的指示灯点亮电路 ●瞬时复位●

❖ 使用延时动作触点（瞬时复位触点）的定时器，使指示灯点亮电路的实际接线图如
下图所示。

将红灯 RL 与定时器的延时动作常开触点 TLR-m 连接，将绿灯 GL 与延时动作常
闭触点 TLR-b 连接。设定延时时间（例如 2min），将设定指针调到 2min 的刻度。
然后按下按钮 PBS_{ON}，定时器通电，定时器（电动机式定时器）内部的驱动电动机
有电流流过。从按下按钮的瞬间开始计时，经过设定的 2min，继电器各个输出触
点发生状态切换，与延时动作常开触点 TLR-m 连接的红灯 RL 点亮；与延时动作
（瞬时复位）的常闭触点 TLR-b 连接的绿灯 GL 熄灭。这是按住按钮 PBS_{ON} 不放开
的情况。把这种触点经过一定时间延时的动作称为延时动作。

指示灯点亮电路（延时动作、瞬时复位）的实际接线图〔例〕

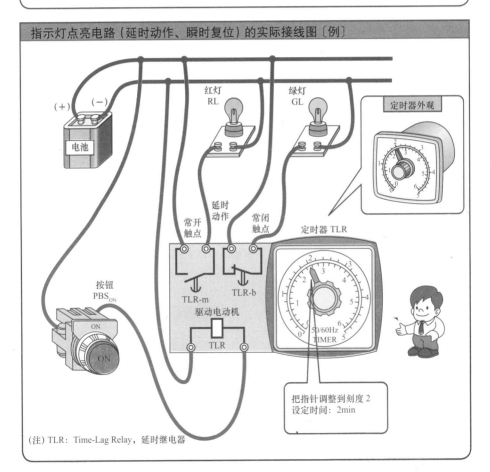

把指针调整到刻度 2
设定时间：2min

(注) TLR: Time-Lag Relay，延时继电器

指示灯点亮电路的顺序图和时序图〔例〕(延时动作、瞬时复位)

❖ 将指示灯点亮电路(延时动作、瞬时复位)的实际接线图(参照前页)改画成顺序图,并和时序图相对照,如下所示。

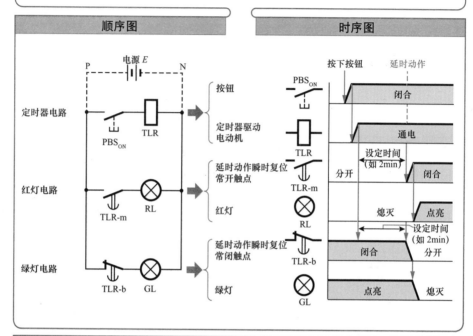

指示灯点亮电路的顺序动作 ●延时动作、瞬时复位●

❖ 参照上面的顺序图和时序图,简单介绍指示灯点亮电路的延时动作、瞬时复位的动作顺序。

〔电路名称〕 〔动作说明〕

● **定时器电路**……按下按钮的同时,定时器的驱动电动机通电,定时器开始起动。

● **红灯电路** ……从按下按钮的时刻开始,经过定时器的设定时间 2min,延时时间到达,常开触点动作闭合,接通红灯电路,红灯点亮。

● **绿灯电路** ……从按下按钮的时刻开始,经过定时器的设定时间 2min,延时时间到达,常闭触点动作分开,断开绿灯电路,绿灯熄灭。

9-6 延时复位，电铃、蜂鸣器响铃电路

① 电铃、蜂鸣器响铃电路（延时复位）的实际接线图

延时复位电铃、蜂鸣器响铃电路
● 瞬时动作 ●

❖ 利用带有延时复位触点（瞬时动作触点）的定时器 TLR 构成电铃、蜂鸣器响铃电路的实际接线图如下图所示。

将电铃 BL 与定时器的延时复位常开触点 TLR-m 连接，蜂鸣器 BZ 与延时复位常闭触点 TLR-b 连接。设定定时器（电动机式定时器）的延时时间（例如 2min），将设定指针调整到 2min 的刻度。

然后按下按钮 PBS_ON，定时器通电。延时复位触点（瞬时动作触点）和普通的电磁继电器一样立即动作：延时复位常开触点 TLR-m 闭合，电铃开始响铃；延时复位常闭触点 TLR-b 分开，蜂鸣器不再鸣响。该状态持续一段时间后，将按下按钮的手放开，定时器开始计时，经过设定的 2min，定时器的各个输出触点复位，状态切换。延时复位常开触点 TLR-m 分开，电铃电路停止响铃；延时复位常闭触点 TLR-b 闭合，蜂鸣器鸣响。把这种触点经过一定时间延时的复位称为**延时复位**。

电铃、蜂鸣器响铃电路（瞬时动作、延时复位）的实际接线图〔例〕

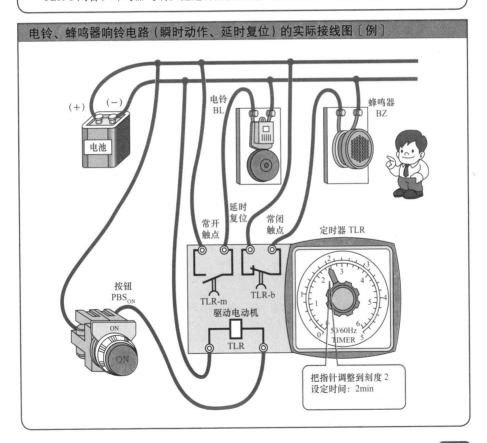

2 电铃、蜂鸣器响铃电路的顺序图和时序图

电铃、蜂鸣器响铃电路的顺序图和时序图〔例〕(瞬时动作，延时复位)

❖ 将电铃、蜂鸣器响铃电路（瞬时动作、延时复位）的实际接线图（参照前页）改画成顺序图，并与时序图相对照，如下所示。

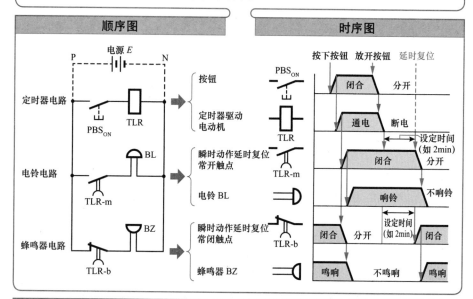

电铃、蜂鸣器响铃电路（瞬时动作、延时复位）的动作顺序

❖ 参照上面的顺序图和时序图，简要介绍电铃、蜂鸣器响铃电路的瞬时动作、延时复位的动作顺序。

　（a）按钮按下时 --- 瞬时动作 ---

● **定时器电路**……与按钮按下的同时，定时器的驱动电动机通电有电流流过，与普通的电磁继电器一样，各个触点瞬时动作。

● **电铃电路**　……与按钮按下的同时，定时器的延时复位常开触点 TLR-m 动作闭合，接通电铃电路，电铃响铃。

● **蜂鸣器电路**……与按钮按下的同时，定时器的延时复位常闭触点 TLR-b 动作分开，断开蜂鸣器电路，蜂鸣器停止鸣响。

　　定时器通电时和普通的电磁继电器一样，各个触点瞬时动作。

　（b）按下按钮的手放开时 --- 延时复位 ---

● **定时器电路**……按下按钮的手放开后，定时器驱动电动机断电，与此同时定时器的延时复位机构动作，开始计时。

● **电铃电路**　……从按下按钮的手放开的时刻开始，经过设定时间 2min 后，延时复位常开触点 TLR-m 复位分升，断开电铃电路，电铃停止响铃。

● **蜂鸣器电路**……从按下按钮的手放开的时刻开始，经过设定时间 2min 后，延时复位常闭触点 TLR-b 复位闭合，接通蜂鸣器电路，蜂鸣器开始鸣响。

第10章

带有时间差的顺序控制实例

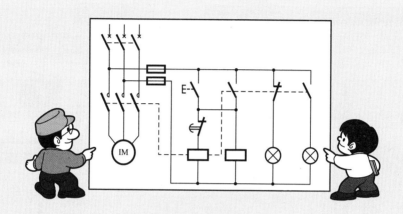

❖ 利用定时器实现带有时间差的顺序控制或者叫作定时控制技术，其应用领域非常广泛。举例来说，从工业中使用的电梯、升降机、传送带之类的搬运机械，以及冲压机、数控机床之类的加工机械，到日常活动中使用的复印机、数据处理机等办公机械，销售饮料等商品的自动售货机，乃至给人们提供休闲娱乐的各类游戏机，为生活提供便利的微波炉、洗衣机等家用电器，毫无例外，都使用了定时控制技术。

❖ 另外，在霓虹灯的闪烁、乐器的自动演奏、道路的交通信号灯的智能控制，这些带有智能特色的设备也是采用定时控制技术实现的。

总之，定时控制技术是现代社会生活中不可或缺的重要因素。

本章关键点

1. 本章以实际装置为例，分析了时间差控制的动作顺序，力求使读者能够充分理解利用定时器实现时间差顺序控制的工作原理。

2. 本章介绍 2 个定时控制的实例：

    （1）使用 1 个定时器的 **"电动机的定时控制"**。

    （2）使用 2 个定时器的 **"电热处理炉的定时控制"**。

在介绍动作顺序的同时，参照时序图，详细分析了延时时间经过的过程。

10-1 电动机的定时控制

1 电动机定时控制的实际接线图

电动机定时控制的实际接线图

❖ 下图是电动机定时控制电路的实际接线图。这是利用定时器控制电动机运转一定时间后自动停止的基本电路。

电动机定时控制电路

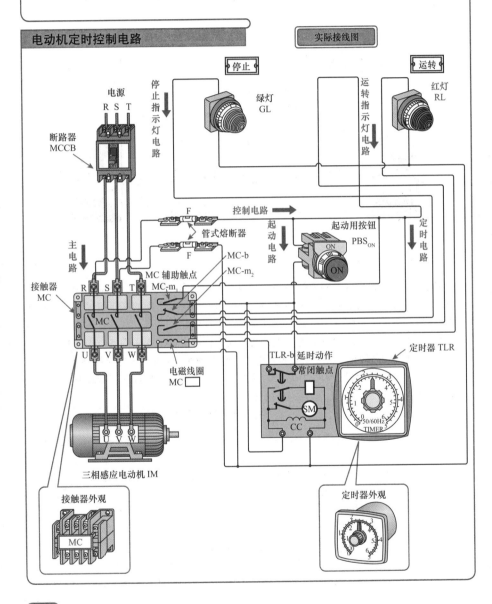

电动机定时控制的顺序图

❖ 断路器 MCCB 是电动机定时控制电路的电源总开关，电动机的开闭由接触器 MC 控制。按下按钮 PBS$_{ON}$，接触器 MC 动作，电动机开始运转。当定时器 TLR 的设定时间到达后，定时器的延时动作常闭触点 TLR-b 动作分开，接触器的电磁线圈 MC □ 电路被断开，电动机停止运转。电动机运转时红灯 RL 点亮，停止时绿灯 GL 点亮。

❖ 下图为顺序控制图，用有色线围起来的部分为定时停止电路。

顺序图

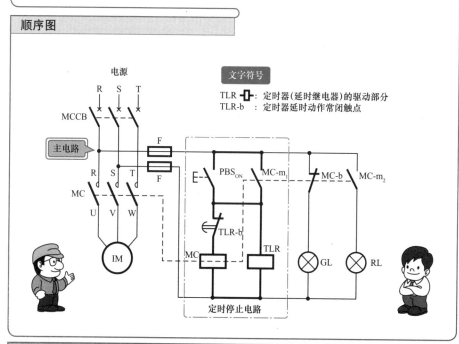

文字符号

TLR ⏻: 定时器(延时继电器)的驱动部分
TLR-b : 定时器延时动作常闭触点

关于"定时时间"与"延时"的说明

❖ 在很多地方都可以见到"定时时间"和"延时"这两个词汇，现在就来谈谈延时继电器（定时器）和"定时时间"的关系。延时继电器是指从接收到规定的输入信号到输出触点开路或闭路动作之间存在着一段时间间隔的特殊继电器。从接收到输入信号到输出触点动作，存在着几秒钟或几分钟的时间间隔，这就是"定时时间"。把具有定时时间，即带有时间间隔（时间滞后）功能的继电器称为延时继电器，其输出触点称为"延时触点"。延时触点分为动作时有延时的"延时动作触点"和复位时有延时的"延时复位触点"。

电动机定时控制的时序图

❖ 电动机定时控制随时间变化过程的时序图及其简要说明，如下所示。

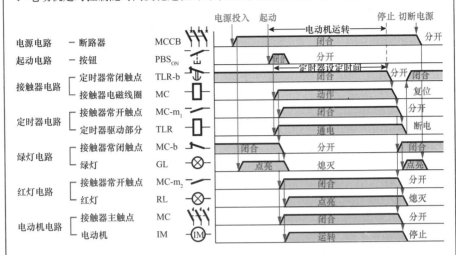

- **接触器电路**·········合上断路器 MCCB，按下按钮 PBS_{ON} 后，接触器的电磁线圈 MC ■通电动作。经过设定时间后，定时器的延时动作常闭触点 TLR-b 分开，接触器的电磁线圈 MC □断电复位。

- **定时器电路**·········按下按钮 PBS_{ON} 后，定时器 TLR 驱动部分通电开始计时。经过设定的时间后，定时器延时动作常闭触点 TLR-b 分开，接触器的电磁线圈 MC □断电复位，其辅助触点 $MC\text{-}m_1$ 分开，定时器随之断电。

- **绿灯电路** ·········接触器的电磁线圈 MC ■通电，其辅助常闭触点 MC-b 分开，绿灯熄灭。经过设定时间后，定时器延时动作常闭触点 TLR-b 分开，接触器 MC 复位，其辅助常闭触点 MC-b 闭合，绿灯点亮。

- **红灯电路** ·········接触器的电磁线圈 MC ■通电，其辅助常开触点 $MC\text{-}m_2$ 闭合，红灯点亮。经过设定时间后，定时器延时动作常闭触点 TLR-b 分开，接触器 MC 复位，其辅助常开触点 $MC\text{-}m_2$ 复位分开，红灯熄灭。

- **电动机电路**·········与接触器的电磁线圈 MC ■通电动作的同时，其主触点 MC 闭合，电动机通电开始运转。定时器经过设定时间后，接触器的电磁线圈 MC □被断开，其主触点 MC 分开，电动机因断电而停止运转。

4 电动机起动的动作顺序

电源电路的动作和顺序动作图

● 顺序〔1〕●

❖ 断路器 MCCB 合闸后，电源投入，绿灯 GL 点亮。

〔电路构成〕　= 绿灯电路 =

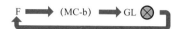

说 明

● 绿灯 GL ⊗点亮说明即使电动机 Ⓜ 已停止运转，但断路器还是合闸状态，电源电路仍有电压。

顺序动作图

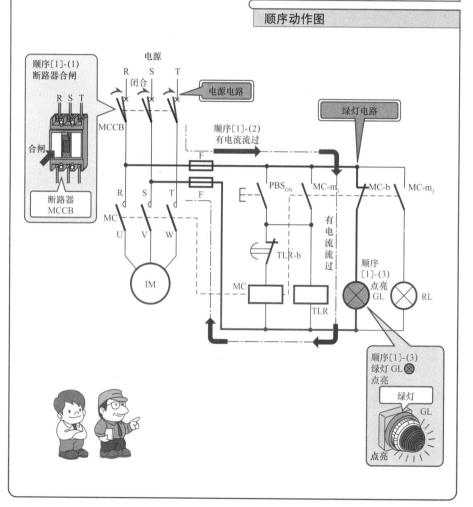

起动控制电路的动作和顺序动作图　　　　　　　　　　　　● 顺序〔2〕●

❖ 按下起动按钮 PBS_ON 后，接触器的电磁线圈 MC □通电动作。与此同时，定时器 TLR □也通电开始计时。

〔电路构成〕

= 电磁线圈电路 =　　　F ➡ PBS_ON ➡ (TLR-b) ➡ MC □

= 定时器电路 =　　　　F ➡ PBS_ON ➡ TLR □

说 明

● 即使定时器通电，其触点也不是立刻做出开闭动作，而是要经过设定的时间后，触点才做出开闭动作。

顺序动作图

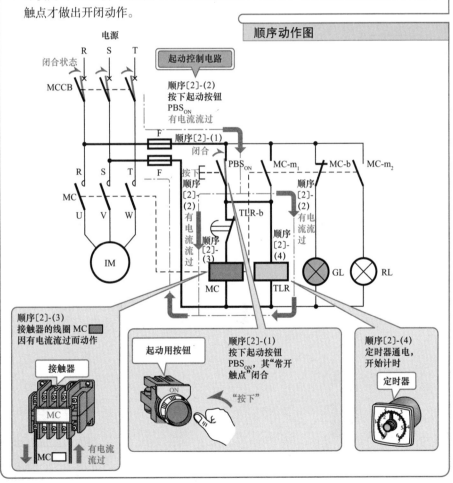

电动机主电路的动作和顺序动作图

● 顺序〔3〕●

❖ 接触器的电磁线圈 MC ▢ 通电动作，其主触点闭合，电源电压加到电动机 Ⓜ 上，
电动机起动。

〔电路构成〕

= 电动机主电路 =　　　MCCB ➡ （主触点 MC） ➡ Ⓘ Ⓜ

順序动作图

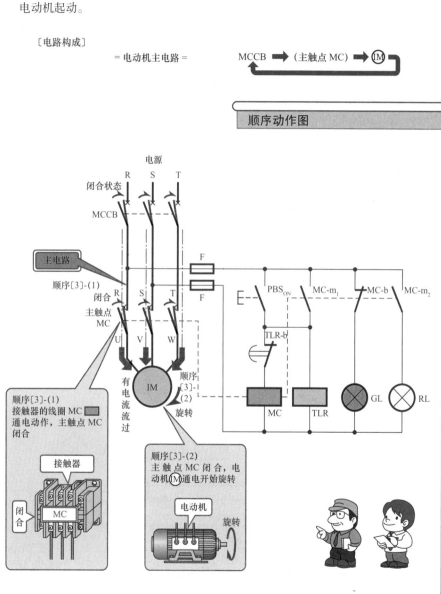

第 10 章　带有时间差的顺序控制实例

自保电路的动作和顺序动作图 ●顺序〔4〕●

❖ 接触器的电磁线圈 MC □有电流流过而动作，与按钮 PBS_ON 并联连接的接触器的辅助常开触点 MC-m₁ 闭合。

❖ 即使按下 PBS_ON 的手放开，触点分开，通过触点 MC-m₁，电磁线圈 MC □仍有电流流过，继续保持动作状态，使主触点继续闭合，电动机继续旋转。

❖ 即使按下 PBS_ON 的手放开，触点分开，通过触点 MC-m₁，定时器 TLR □仍继续保持通电状态。把该电路称为"**自保电路**"。

〔电路构成〕　＝电磁线圈电路＝　　　F ➡ (MC-m₁) ➡ (TLR-b) ➡ MC □

　　　　　　　＝定时器电路＝　　　　F ➡ MC-m₁ ➡ TLR □

顺序动作图

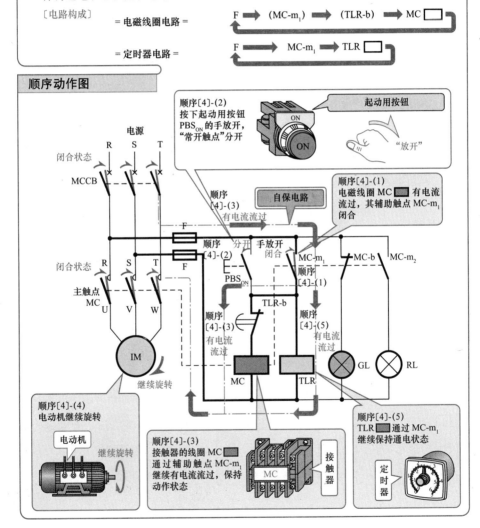

❖ 接触器的电磁线圈 MC ☐ 通电动作，其辅助触点 MC-b 分开，绿灯 GL ⊗ 熄灭，MC-m$_2$ 闭合，红灯 RL ⊗ 点亮。

〔电路构成〕

= 绿灯电路 = F ➡ X (MC-b) X ➡ GL ⊗

= 红灯电路 = F ➡ (MC-m$_2$) ➡ RL ⊗

说 明

● 绿灯电路中的辅助触点 MC-b 是常闭触点，接触器 MC 的动作使其分开，绿灯 GL ⊗ 断电熄灭。

● 红灯电路中的辅助触点 MC-m$_2$ 是常开触点，接触器 MC 的动作使其闭合，红灯 RL ⊗ 通电点亮。

顺序动作图

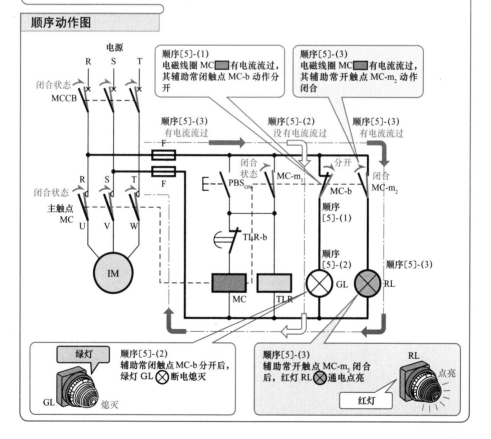

5 电动机停止的动作顺序

定时器电路的动作和顺序动作图　　　●顺序〔6〕●

❖ 定时器 TLR 经过预先设定的时间（设定时间）后动作，延时动作常闭触点 TLR-b 分开。

❖ 延时动作常闭触点 TLR-b 分开后，接触器的电磁线圈 MC□ 因断电而复位。

〔电路构成〕

　　　　＝定时器延时触点电路＝　　F ➡ (MC-m₁) ➡ X (TLR-b) X ➡ MC □

　　　　　　　　　　　　　　　　　　　　　　　分开

　说　明

● 接触器的电磁线圈 MC□ 断电复位后，接下来的顺序〔7〕、〔8〕、〔9〕将同时动作。

顺序动作图

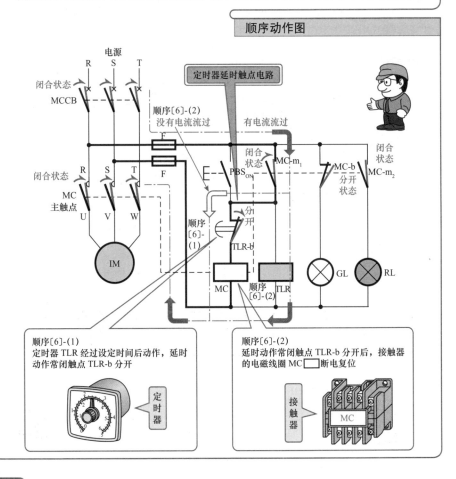

顺序[6]-(1)
定时器 TLR 经过设定时间后动作，延时动作常闭触点 TLR-b 分开

顺序[6]-(2)
延时动作常闭触点 TLR-b 分开后，接触器的电磁线圈 MC□ 断电复位

电动机主电路的动作和顺序动作图

● 顺序〔7〕●

❖ 接触器的电磁线圈 MC □ 断电复位，其主触点 MC 分开，电动机 Ⓜ 因电源断开而停止运转。

〔电路构成〕

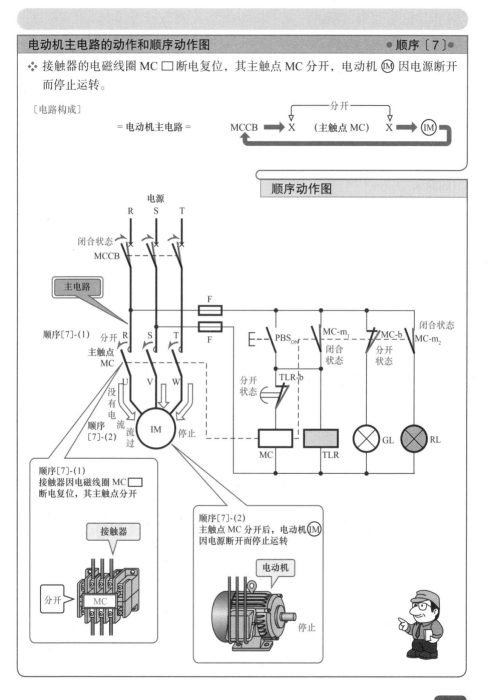

= 电动机主电路 =

顺序动作图

顺序[7]-(1)
接触器因电磁线圈 MC □
断电复位，其主触点分开

顺序[7]-(2)
主触点 MC 分开后，电动机Ⓜ
因电源断开而停止运转

第 10 章　带有时间差的顺序控制实例

179

自保电路的动作和顺序动作图 ●顺序〔8〕●

❖ 接触器的线圈 MC □ 断电复位后，与按钮 PBS_ON 并联连接的辅助触点 MC-m₁ 分开。

❖ 接触器的辅助触点 MC-m₁ 分开后，定时器 TLR □ 因断电而复位，延时动作常闭触点 TLR-b 闭合。

❖ 即使延时动作常闭触点 TLR-b 闭合，因为接触器的辅助触点 MC-m₁ 已经分开，所以电磁线圈 MC □ 没有电流流过，仍为复位状态。这里把该动作称为"**解除自保**"。

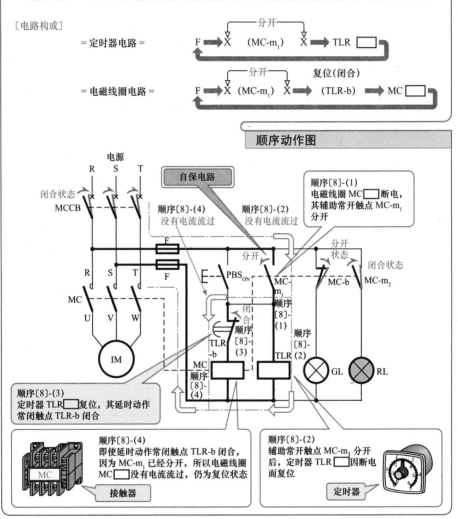

〔电路构成〕

= 定时器电路 = F → X (MC-m₁) X → TLR □
= 电磁线圈电路 = F → X (MC-m₁) X → (TLR-b) → MC □

指示灯电路的动作和顺序动作图

❖ 接触器的电磁线圈 MC □ 断电复位，MC-m₂ 分开，红灯 RL ⊗ 熄灭，MC-b 闭合，绿灯 GL ⊗ 点亮。

〔电路构成〕

= 红灯电路 =

= 绿灯电路 =

说 明

● 红灯电路中的辅助触点 MC-m₂ 是常开触点，由于接触器 MC 的复位使其分开，红灯 RL ⊗ 断电熄灭。

● 绿灯电路中的辅助触点 MC-b 是常闭触点，由于接触器 MC 的复位使其闭合，绿灯 GL ⊗ 通电点亮。

顺序动作图

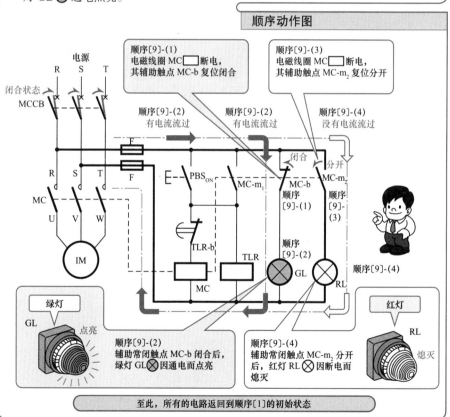

10-2　电热处理炉的定时控制

电热处理炉的实际接线图〔例〕

❖ 下图是使用 2 个定时器的电热处理炉定时控制的实际接线图。电热处理炉因加热时间长，往往需要通宵加热试料。操作者只需按下起动用按钮，后续的热处理工作，例如等待时间和加热时间等延时动作，全部由控制系统自动完成。当全部加热处理工作完成后，系统会自动停止运行。

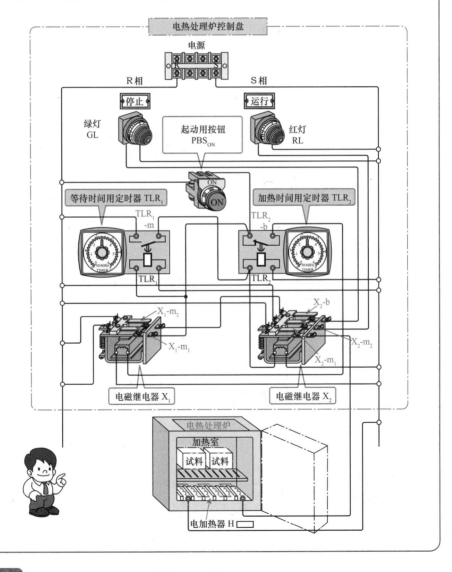

2 电热处理炉的顺序图和时序图

电热处理炉的顺序图

❖ 将电热处理炉的实际接线图改画成横向画法的顺序图如下图所示。读图时，将顺序图与实际接线图相对照，会有很好的读解效果。

横向画法的顺序图

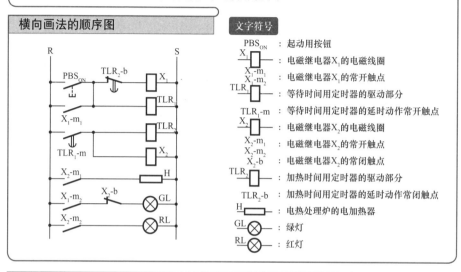

文字符号

PBS_ON : 起动用按钮
X_1 : 电磁继电器X_1的电磁线圈
X_1-m_1 : 电磁继电器X_1的常开触点
TLR_1 : 等待时间用定时器的驱动部分
TLR_1-m : 等待时间用定时器的延时动作常开触点
X_2 : 电磁继电器X_2的电磁线圈
X_2-m_1 : 电磁继电器X_2的常开触点
X_2-b : 电磁继电器X_2的常闭触点
TLR_2 : 加热时间用定时器的驱动部分
TLR_2-b : 加热时间用定时器的延时动作常闭触点
H : 电热处理炉的电加热器
GL : 绿灯
RL : 红灯

电热处理炉的时序图

❖ 下图给出了电热处理炉的等待时间、加热时间等顺序动作随时间变化的时序图。

时序图

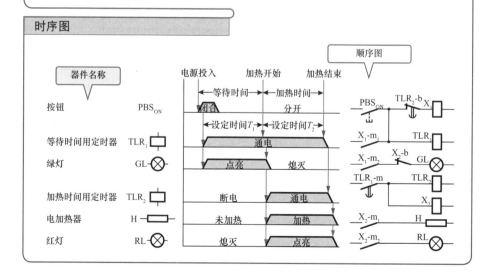

电热处理炉的动作方式

❖ 这台电热处理炉是在操作者下班后几小时才开始加热试料，与这个等待时间相对应的是定时器 TLR_1 的设定时间（T_1）。与电热处理炉实际加热处理的加热时间相对应的是定时器 TLR_2 的设定时间（T_2）。

❖ 电热处理炉 H 的动作顺序：首先按下起动用按钮 PBS_{ON}，等待时间用定时器 TLR_1 通电，开始等待计时。与此同时，绿灯 GL（电源投入，电热处理炉停止指示灯）点亮。经过定时器 TLR_1 设定的等待时间 T_1 后，延时动作常开触点 TLR_1-m 动作闭合，接通加热时间用定时器 TLR_2，开始加热计时。同时电磁继电器 X_2 动作，电热处理炉 H 开始加热。这时绿灯 GL 熄灭，红灯 RL（运行指示灯）点亮。经过定时器 TLR_2 设定的加热时间 T_2 后，该定时器的延时动作常闭触点 TLR_2-b 动作分开，电热处理炉自动停止运行。

起动电路的动作   ●顺序〔1〕●

▶（1）按下起动用按钮 PBS_{ON}，其常开触点闭合。

▶（2）起动用按钮 PBS_{ON} 闭合后，形成回路①，等待时间用定时器 TLR 通电，开始等待计时。

▶（3）起动用按钮 PBS_{ON} 闭合后，形成回路②，接触器 X_1 的电磁线圈 X_1 ☐ 通电动作。

〔电路构成〕   = 回路① =
　　　　　　　（定时器TLR_1的电路）

按下(闭合)
R ➡ PBS_{ON} ➡ TLR_1 ☐
S ⬅

= 回路② =
（电磁继电器X_1的电路）

按下(闭合)
R ➡ PBS_{ON} ➡ (TLR_2-b) ➡ X_1 ☐
S ⬅

> **说 明**

● 即使等待时间用定时器 TLR_1 通电，触点也不会立刻做出开闭动作，而是要等到设定时间 T_1 到达后，触点才会做出开闭动作。

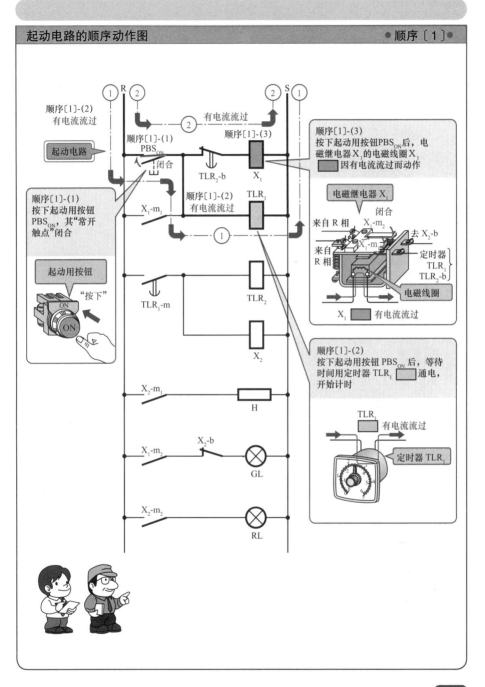

顺序〔1〕-(2)
有电流流过

有电流流过

顺序〔1〕-(1)
PBS_{ON}

顺序〔1〕-(3)

起动电路

闭合

TLR_2-b

X_1

顺序〔1〕-(3)
按下起动用按钮PBS_{ON}后,电磁继电器X_1的电磁线圈X_1 因有电流流过而动作

顺序〔1〕-(1)
按下起动用按钮PBS_{ON},其"常开触点"闭合

X_1-m_1

顺序〔1〕-(2)
有电流流过

TLR_1

电磁继电器X_1

闭合

来自R相
X_1-m_2

去 X_2-b

X_1-m

来自R相

定时器
TLR_1
TLR_2-b

起动用按钮

"按下"

ON

ON

TLR_1-m

TLR_2

X_2

电磁线圈

X_1 有电流流过

顺序〔1〕-(2)
按下起动用按钮PBS_{ON}后,等待时间用定时器TLR_1 通电,开始计时

X_2-m_1

H

TLR_1 有电流流过

定时器 TLR_1

X_1-m_2

X_2-b

GL

X_2-m_2

RL

自保电路的动作 ● 顺序〔2〕●

▶ (1) 电磁继电器 X_1 通电动作，自保电路的电磁继电器 X_1 的常开触点 X_1-m_1 闭合，实现自保。

▶ (2) 将按下起动用按钮的手放开，其常开触点分开。

▶ (3) 即使按下起动用按钮的手放开，因为电磁继电器 X_1 的常开触点 X_1-m_1 为闭合状态，形成回路③，所以电磁继电器 X_1 的电磁线圈 X_1 □继续有电流流过，保持通电状态。

▶ (4) 即使按下起动用按钮的手放开，因为电磁继电器 X_1 的常开触点 X_1-m_1 为闭合状态，形成回路④，所以等待时间用定时器 TLR_1 □继续有电流流过，保持通电状态。

〔电路构成〕

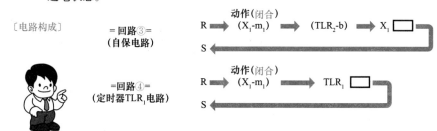

= 回路③= (自保电路)

= 回路④= (定时器 TLR_1 电路)

 说 明

● 在回路③中，由电磁继电器 X_1 自己的常开触点 X_1-m_1 构成电磁线圈 X_1 □的电流通路，可以保持自己继续动作，所以称为"**自保电路**"。

指示灯电路的动作 ● 顺序〔3〕●

▶ (1) 电磁继电器 X_1 通电动作后，绿灯电路的电磁继电器 X_1 的常开触点 X_1-m_2 闭合。

▶ (2) 电磁继电器 X_1 的常开触点 X_1-m_2 闭合后，形成回路⑤，绿灯 GL ⊗通电点亮。

〔电路构成〕

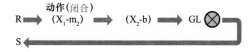

= 回路⑤= (绿灯显示电路)

 说 明

● 绿灯 GL ⊗点亮说明，尽管电热处理炉已经停止加热，但是其控制电路仍然为通电状态。

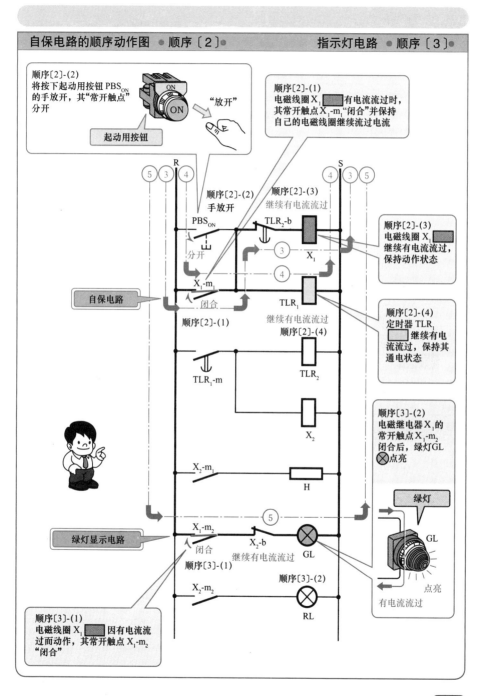

❖ 按下起动用按钮 PBS$_{ON}$，当等待时间用定时器 TLR$_1$ 的设定时间 T_1 到达后，后续的顺序〔4〕、〔5〕、〔6〕将同时动作。

定时电路的动作 ●顺序〔4〕●

▶（1）等待时间用定时器 TLR$_1$ 经过设定时间 T_1 后，其延时动作常开触点 TLR$_1$-m 动作闭合。

▶（2）等待时间用定时器 TLR$_1$ 的延时动作常开触点 TLR$_1$-m 闭合后，形成回路⑥，定时电路中的加热时间用定时器 TLR$_2$ 通电，开始加热计时。

▶（3）等待时间用定时器 TLR$_1$ 的延时动作常开触点 TLR$_1$-m 闭合后，形成回路⑦，电磁继电器 X$_2$ 的电磁线圈 X$_2$ ▢ 有电流流过而动作。

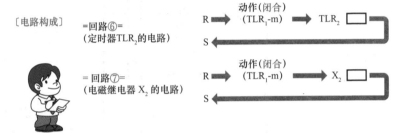

〔电路构成〕 =回路⑥=
(定时器TLR$_2$的电路)

=回路⑦=
(电磁继电器 X$_2$ 的电路)

说 明

● 加热时间用定时器 TLR$_2$ 即使通电，也不会立刻做出触点的开闭动作，而是要等到设定时间 T_2 到达后，触点才会做出开闭动作。

电加热器电路的动作 ●顺序〔5〕●

▶（1）电磁继电器 X$_2$ 通电动作后，电热处理炉电加热器电路中的电磁继电器 X$_2$ 的常开触点 X$_2$-m$_1$ 闭合。

▶（2）电磁继电器 X$_2$ 的常开触点 X$_2$-m$_1$ 闭合后，形成回路⑧，电热处理炉的电加热器 H ▢ 有电流流过，开始加热。

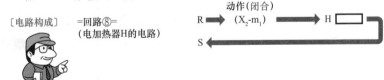

〔电路构成〕 =回路⑧=
(电加热器H的电路)

说 明

● 电热处理炉的电加热器 H ▢ 在加热时间用定时器 TLR$_2$ 的设定时间 T_2 到达之前，一直通电加热。

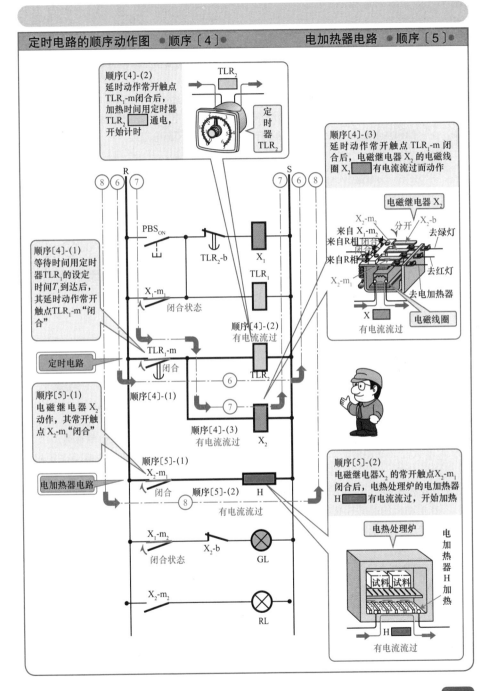

顺序〔4〕-(2)
延时动作常开触点 TLR₁-m 闭合后，加热时间用定时器 TLR₂ 通电，开始计时

定时器 TLR₂

顺序〔4〕-(3)
延时动作常开触点 TLR₁-m 闭合后，电磁继电器 X₂ 的电磁线圈 X₂ 有电流流过而动作

电磁继电器 X₂

X₂-m₂   分开   X₂-b
来自 X₁-m₂   去绿灯
来自R相   去红灯
来自R相
X₂-m₁   去电加热器
X   电磁线圈
有电流流过

顺序〔4〕-(1)
等待时间用定时器 TLR₁ 的设定时间T到达后，其延时动作常开触点 TLR₁-m "闭合"

PBS_ON

TLR₂-b   X₁

TLR₁

X₁-m₁   闭合状态

顺序〔4〕-(2)
有电流流过

定时电路

TLR₁-m   闭合   TLR₂

顺序〔4〕-(1)

顺序〔5〕-(1)
电磁继电器 X₂ 动作，其常开触点 X₂-m₁ "闭合"

顺序〔4〕-(3)
有电流流过   X₂

顺序〔5〕-(1)
X₂-m₁
闭合   顺序〔5〕-(2)   H

电加热器电路

有电流流过

顺序〔5〕-(2)
电磁继电器X₂ 的常开触点X₂-m₁ 闭合后，电热处理炉的电加热器 H 有电流流过，开始加热

X₁-m₂   X₂-b   GL
闭合状态

X₂-m₂   RL

电热处理炉

电加热器H加热

试料 试料

H

有电流流过

指示灯电路的动作   ● 顺序〔6〕●

▶（1）电磁继电器 X_2 通电动作后，指示灯电路中的电磁继电器 X_2 的常开触点 X_2-m_2 闭合。

▶（2）电磁继电器 X_2 的常开触点 X_2-m_2 闭合后，形成回路⑨，红灯 RL ⊗通电点亮。

▶（3）电磁继电器 X_2 通电动作，指示灯电路中的电磁继电器 X_2 的常闭触点 X_2-b 分开。

▶（4）常闭触点 X_2-b 分开后，回路⑩开路，绿灯 GL ⊗断电熄灭。

〔电路构成〕

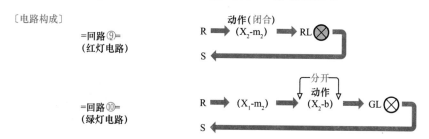

=回路⑨=
（红灯电路）

=回路⑩=
（绿灯电路）

| 说 明 |

● 红灯 RL ⊗点亮表示电热处理炉是处于"运行"状态。

小 知 识   指示灯顺序电路的应用

❖ 在顺序控制电路中使用指示灯的主要目的是表示"状态""异常""注意"等信号。

　状态表示…表示动作状态 / 停止状态、手动 / 自动、上升 / 下降等状态。

　异常表示…提示过电流、过电压等异常事态的警报或故障发生。

　注意表示… 提示正在危险作业中、正在使用中（如暗室等）、紧急出口等事项。

❖ 根据不同的使用目的，指示灯配备了多种颜色，并要与相应动作的驱动电压相连接。

　= 状态表示 =

　在电动机的起动控制电路中，表示电源、运转、停止等情况的指示灯颜色，如下表所示。

表示的种类	指示灯的颜色〔例〕
表示电源	白〔WL〕
表示运转	红〔RL〕
表示停止	绿〔GL〕
表示警报	橙〔OL〕

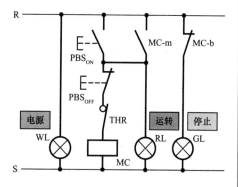

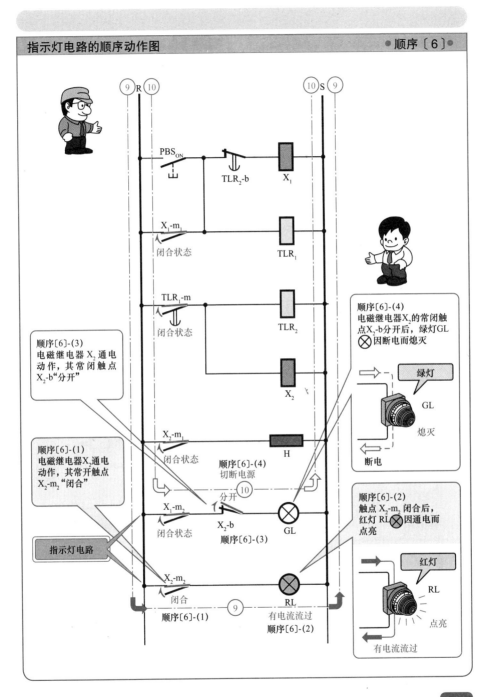

❖ 加热时间用定时器 TLR_2 经过设定时间 T_2 后，电热处理炉按顺序〔7〕、〔8〕（参照 194 页）做出停止动作。

停止电路的动作〔1〕 ●顺序〔7〕●

▶（1）加热时间用定时器 TLR_2 经过设定时间 T_2 后，其延时动作常闭触点 $TLR_2\text{-}b$ 自动分开。

▶（2）定时器 TLR_2 的延时动作常闭触点 $TLR_2\text{-}b$ 分开后，回路 ⑪ 开路，电磁继电器 X_1 的电磁线圈 X_1□ 断电复位。

▶（3）电磁继电器 X_1 复位，自保电路中电磁继电器 X_1 的常开触点 $X_1\text{-}m_1$ 分开，解除自保。

▶（4）电磁继电器 X_1 的常开触点 $X_1\text{-}m_1$ 分开后，回路 ⑫ 开路，等待时间用定时器 TLR_1□ 断电复位。

▶（5）电磁继电器 X_1 复位，绿灯电路中的电磁继电器 X_1 的常开触点 $X_1\text{-}m_2$ 分开。

▶（6）等待时间用定时器 TLR_1 复位，定时电路的等待时间用定时器 TLR_1 的延时动作常开触点 $TLR_1\text{-}m$ 分开。

▶（7）等待时间用定时器的延时动作常开触点 $TLR_1\text{-}m$ 分开后，回路 ⑬ 开路，加热时间用定时器 TLR_2□ 断电复位。

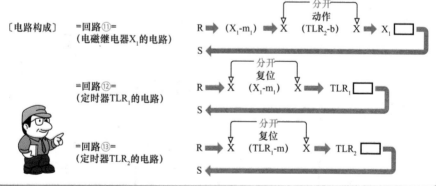

〔电路构成〕 =回路⑪=（电磁继电器X_1的电路）

=回路⑫=（定时器TLR_1的电路）

=回路⑬=（定时器TLR_2的电路）

电热处理炉定时控制的功能图〔例〕

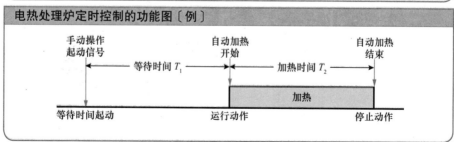

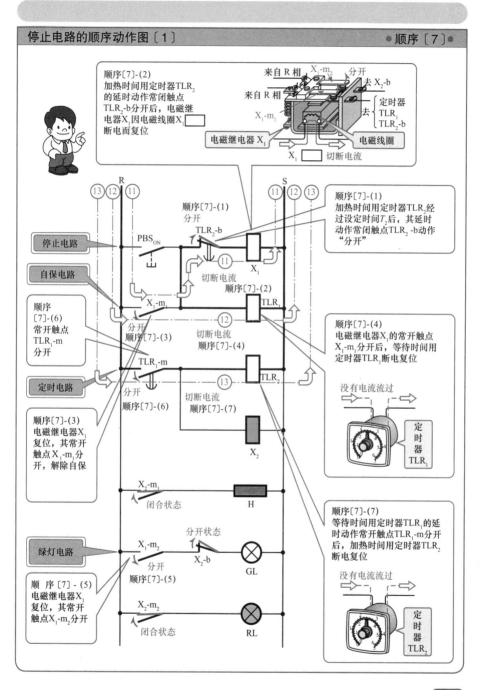

顺序〔7〕-(2)
加热时间用定时器TLR₂
的延时动作常闭触点
TLR₂-b分开后，电磁继
电器X₁因电磁线圈X₁
断电而复位

来自R相 X₁-m₂ 分开
来自R相 去 X₂-b
定时器
TLR₁
TLR₂-b
X₁-m₁ 去
电磁继电器X₁ 电磁线圈
X₁ 切断电流

停止电路

顺序〔7〕-(1)
分开
PBS_ON TLR₂-b
⑪
切断电流
顺序〔7〕-(2)

顺序〔7〕-(1)
加热时间用定时器TLR₂经
过设定时间T₂后，其延时
动作常闭触点TLR₂-b动作
"分开"

自保电路

顺序
〔7〕-(6)
常开触点
TLR₁-m
分开

X₁-m₁
分开
顺序〔7〕-(3)
切断电流
顺序〔7〕-(4)
TLR₁
⑫

顺序〔7〕-(4)
电磁继电器X₁的常开触点
X₁-m₁分开后，等待时间用
定时器TLR₁断电复位

定时电路

TLR₁-m
分开
顺序〔7〕-(6)
切断电流
顺序〔7〕-(7)
TLR₂
⑬

没有电流流过

定时
器
TLR₁

顺序〔7〕-(3)
电磁继电器X₁
复位，其常开
触点X₁-m₁分
开，解除自保

X₂

X₂-m₁
闭合状态
H

绿灯电路

X₁-m₂
分开
顺序〔7〕-(5)

分开状态
X₂-b
GL

顺序〔7〕-(7)
等待时间用定时器TLR₁的延
时动作常开触点TLR₁-m分开
后，加热时间用定时器TLR₂
断电复位

没有电流流过

顺 序〔7〕-(5)
电磁继电器X₁
复位，其常开
触点X₁-m₂分开

X₂-m₂
闭合状态
RL

定时
器
TLR₂

停止电路的动作〔2〕 ●顺序〔8〕●

▶（1）加热时间用定时器 TLR_2 断电复位后，停止电路的加热时间用定时器 TLR_2 的延时动作常闭触点 TLR_2-b 闭合。

▶（2）定时电路中的等待时间用定时器 TLR_1 的延时动作常开触点 TLR_1-m 分开（顺序〔7〕-（6）），回路⑭开路，电磁继电器 X_2 因电磁线圈 $X_2\square$ 断电而复位。

▶（3）电磁继电器 X_2 复位，电热处理炉的电加热器电路中的电磁继电器 X_2 的常开触点 X_2-m_1 分开。

▶（4）电磁继电器 X_2 的常开触点 X_2-m_1 分开，回路⑮开路，电热处理炉的电加热器 H $\square$ 因断电而停止加热。

▶（5）电磁继电器 X_2 复位，红灯显示电路中的电磁继电器 X_2 的常开触点 X_2-m_2 分开。

▶（6）电磁继电器 X_2 的常开触点 X_2-m_2 分开后，回路⑯开路，红灯 RL $\otimes$ 断电熄灭。

▶（7）在绿灯显示电路，电磁继电器 X_2 复位，其常闭触点 X_2-b 闭合。可是在顺序〔7〕-（5）中，电磁继电器 X_2 的常开触点 X_1-m_2 处于分开状态，所以绿灯 GL $\otimes$ 仍然没有电流流过，不能点亮。

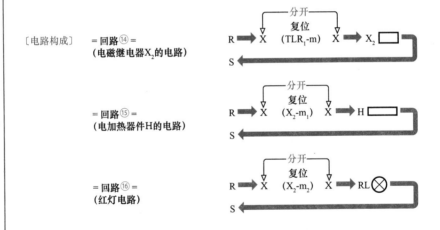

〔电路构成〕 = 回路⑭ =
（电磁继电器 X_2 的电路）

= 回路⑮ =
（电加热器件H的电路）

= 回路⑯ =
（红灯电路）

至此，所有的电路返回到顺序〔1〕的初始状态

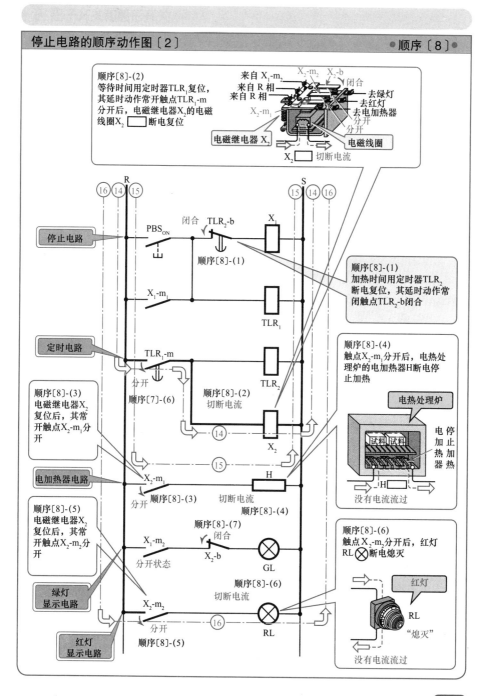

顺序[8]-(2)
等待时间用定时器TLR₁复位，
其延时动作常开触点TLR₁-m
分开后，电磁继电器X₂的电磁
线圈X₂ □ 断电复位

来自 X₁-m₂
来自 R 相   X₂-m₂ X₂-b
来自 R 相   闭合
                    去绿灯
                    去红灯
X₂-m₁   去电加热器
                    分开
电磁继电器X₂   分开
                    电磁线圈
            X₂ □ 切断电流

停止电路
PBS_ON   闭合 TLR₂-b   X₁
        顺序[8]-(1)

顺序[8]-(1)
加热时间用定时器TLR₂
断电复位，其延时动作常
闭触点TLR₂-b闭合

X₁-m₁
TLR₁

定时电路
TLR₁-m
分开   顺序[8]-(2)
顺序[7]-(6) 切断电流

顺序[8]-(3)
电磁继电器X₂
复位后，其常
开触点X₂-m₁分
开

TLR₂

X₂
(14)

顺序[8]-(4)
触点X₂-m₁分开后，电热处
理炉的电加热器H断电停
止加热

电热处理炉

(15)

电加热器电路
X₂-m₁   H
分开 顺序[8]-(3) 切断电流
              顺序[8]-(4)

试料 试料

电停
加止
热加
器热

H
没有电流流过

顺序[8]-(5)
电磁继电器X₂
复位后，其常
开触点X₂-m₂分
开

顺序[8]-(7)
X₁-m₂   闭合   GL
分开状态   X₂-b
          顺序[8]-(6)
          切断电流

顺序[8]-(6)
触点X₂-m₂分开后，红灯
RL ⊗ 断电熄灭

红灯

绿灯
显示电路

X₂-m₂   RL
分开 (16)
顺序[8]-(5)

RL
"熄灭"

红灯
显示电路

没有电流流过

附 洒水喷头定时控制

顺序控制实例

示意图〔例〕

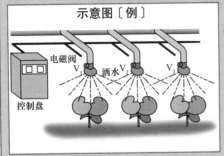

时序图〔例〕

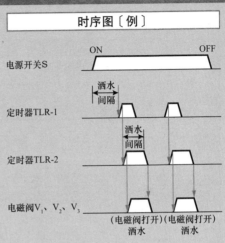

❖ 农园种植者每天在指定时间通过洒
水管路向农作物做一定时间的洒水。

❖ 在这个电路中，每天洒水开始的时
间由主定时器 TLR-1 设定。洒水时
间由辅助定时器 TLR-2 设定。电磁
阀控制洒水喷头的开闭。

洒水喷头定时控制的顺序图〔例〕

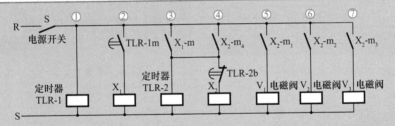

● **顺序动作** ●

（1）电源开关 S 合闸后，支路①中的定时器 TLR-1 通电开始计时。

（2）定时器 TLR-1 经过设定时间后，支路②中的延时动作常开触点 TLR-1m 闭合，
使辅助继电器 X_1 动作。

（3）辅助继电器 X_1 动作后，支路③中的常开触点 X_1-m 闭合，支路④中的辅助继电
器 X_2 动作。与此同时，支路③中的定时器 TLR-2 通电开始计时。

（4）辅助继电器 X_2 动作后，支路⑤、⑥、⑦中的常开触点 X_2-m_1、X_2-m_2、X_2-m_3 闭合，
电磁阀 V_1、V_2、V_3 打开，开始洒水。与此同时 X_2·m_4 闭合实现自保功能。

（5）定时器 TLR-2 经过设定时间（洒水时间）后，支路④中的延时动作常闭触点
TLR-2b 分开，辅助继电器 X_2 复位，电磁阀 V_1、V_2、V_3 关闭，停止洒水。

第 **11** 章

顺序控制的应用实例

❖ 最近伴随着机械、设备的自动化、省力化的推进，很多领域都已经使用了顺序控制技术。

顺序控制的应用实例〔例〕

自动门、电梯、卷帘门、锅炉、水泵、空调装置、柴油发电机、受电设备、交通信号、广告牌、自动售货机等。

❖ 可以认为顺序控制的应用领域还会越来越广。期待各位以学到的知识为基础，在实际应用的工作中做出更多的贡献。

❖ 有关顺序控制的应用实例，在本书的姊妹篇《图解顺序控制电路 实用篇》中做了更加详细的解说，可供读者参考。

本章关键点

在前面的章节中已经学习了顺序控制的基本电路和带有时间差的定时控制等基础知识。本章介绍 2 个顺序控制的实际例子：

（1）电动机的正反转控制。

（2）电动机的星 - 三角起动控制。

希望各位在归纳总结顺序控制的动作顺序的同时，发挥独立思考的精神，进一步加深对所学知识的理解。

11-1 电动机的正反转控制

1 电动机正转、反转的控制方法

什么是电动机的正反转控制

❖ 电动机从**正转方向**（顺时针方向）向**反转方向**（逆时针方向）切换，或者从**反转方向**向**正转方向**切换，这就是**电动机的正反转控制**。对于电动机的旋转方向，在没有特别说明的情况下，规定面向电动机的输出轴，顺时针方向为正转方向。下面介绍如何控制电动机正向旋转或者反向旋转。

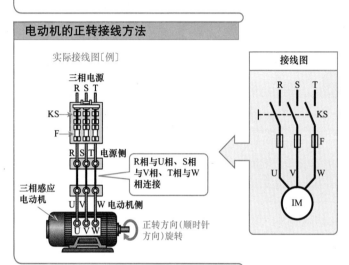

电动机的正转接线方法

实际接线图〔例〕

三相电源
R S T

KS
F

R S T 电源侧

R相与U相、S相与V相、T相与W相连接

三相感应电动机

U V W 电动机侧

正转方向（顺时针方向）旋转

接线图

R S T

KS

F

U V W

IM

● 说明 ●

电动机的U、V、W相和三相电源的R、S、T相，按照R相与U相、S相与V相、T相与W相连接的方式，此时，电动机按正转方向旋转。

● 说明 ●

三相电源与电动机的定子绕组连接时，把三相电源中的R、S、T相中的任意2相互相交换与电动机绕组的接线，电源的相序反向，电动机将向反转方向旋转。

如图所示，将R相和T相交换，即R相与W相连接，S相与V相连接，T相与U相连接，则电动机将切换到反转方向旋转。

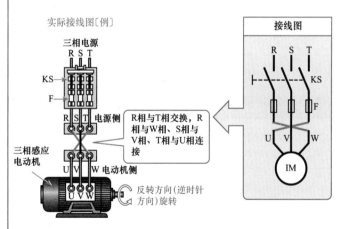

电动机的反转接线方法

实际接线图〔例〕

三相电源
R S T

KS
F

R S T 电源侧

R相与T相交换，R相与W相、S相与V相、T相与U相连接

三相感应电动机

U V W 电动机侧

反转方向（逆时针方向）旋转

接线图

R S T

KS

F

U V W

IM

电动机正反转控制的实际接线图

❖ 下图为电动机正反转控制的实际接线图。图中使用正转用和反转用 2 个接触器切换电动机的正转电路和反转电路；由正转、反转和停止 3 个按钮实现切换操作。

实物接线图〔例〕

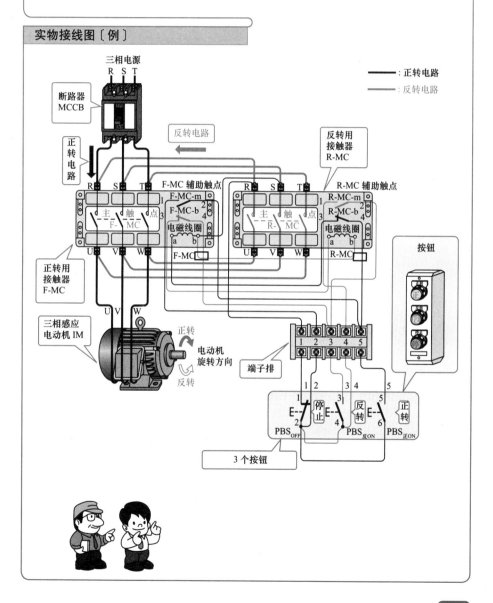

电动机正反转控制的顺序图

❖ 下图是将电动机正反转控制的实际接线图改画成的顺序图。可与前页的实际接线图相对照解读顺序图。

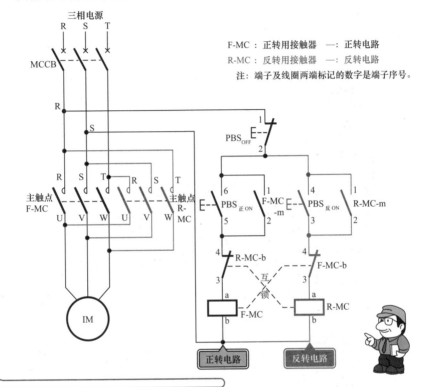

电动机的正转动作

❖ 按下正转用按钮 $PBS_{正ON}$ 后，**正转用接触器 F-MC 动作**。这时电源与电动机通过正转用接触器的主触点 F-MC，将 R 相 -U 相、S 相 -V 相、T 相 -W 相连接，电动机开始按正转方向旋转。此后，如果按下停止用按钮 PBS_{OFF}，电动机将会停止运转。

电动机的反转动作

❖ 按下反转用按钮 $PBS_{反ON}$ 后，**反转用接触器 R-MC 动作**。此时电源与电动机通过反转用接触器的主触点 R-MC，将 R 相 -W 相、S 相 -V 相、T 相 -U 相连接。因为 R 相与 T 相的调换，电动机按反转方向旋转。此后，如果按下停止用按钮 PBS_{OFF}，电动机将会停止运转。

电动机正反转控制的互锁电路

❖ 在电动机正反转控制的操作中，万一发生正转用和反转用的 2 个接触器同时闭合的情况，电源就会发生非常危险的短路事故。所以必须采取一定的对策，保证只能有一个接触器动作，才不致发生短路事故。这里采用在正转用接触器 F-MC 的电磁线圈 F-MC □电路中串联接入反转用接触器 R-MC 的辅助常闭触点 R-MC-b。同时，在反转用接触器 R-MC 的电磁线圈 R-MC □电路中串联接入正转用接触器 F-MC 的辅助常闭触点 F-MC-b。于是，当正转用接触器 F-MC 处于动作状态时，因为辅助常闭触点 F-MC-b 是分开的，所以反转电路是开路的。总之，当电动机在某一方向旋转时，即使按下相反方向的起动用按钮，也不会发生电源短路事故，可以保证设备安全运行。这里把该功能称为**电气上的互锁**。

正反转控制的互锁电路〔例〕

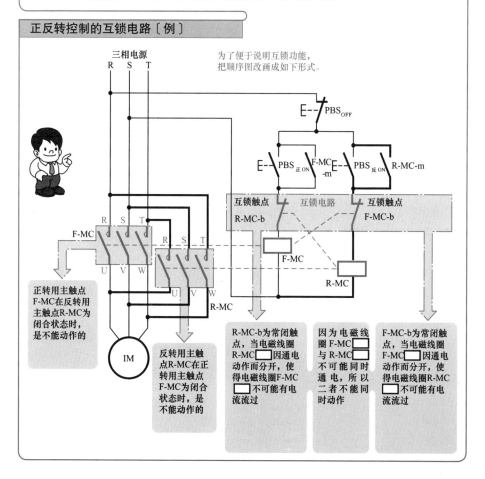

为了便于说明互锁功能，把顺序图改画成如下形式。

正转用主触点 F-MC 在反转用主触点 R-MC 为闭合状态时，是不能动作的

反转用主触点 R-MC 在正转用主触点 F-MC 为闭合状态时，是不能动作的

R-MC-b 为常闭触点，当电磁线圈 R-MC □因通电动作而分开，使得电磁线圈 F-MC □不可能有电流流过

因为电磁线圈 F-MC □与 R-MC □不可能同时通电，所以二者不能同时动作

F-MC-b 为常闭触点，当电磁线圈 F-MC □因通电动作而分开，使得电磁线圈 R-MC □不可能有电流流过

电源电路、正反转控制电路的动作和顺序动作图 ● 顺序〔1〕●

▶（1）合上断路器（电源开关），接通电源。

▶（2）按下正转用按钮 PBS_{正ON}，其常开触点闭合。

▶（3）正转用接触器 F-MC 因电磁线圈 F-MC ☐ 通电而动作。

〔电路构成〕 = 电磁线圈 F-MC ☐ 电路 =

动作(闭合)

$$MCCB(R) \Rightarrow PBS_{OFF} \Rightarrow PBS_{正ON} \Rightarrow R\text{-}MC\text{-}b \Rightarrow F\text{-}MC \square$$
$$(S)$$

说 明

● 正转用接触器 F-MC 的电磁线圈 F-MC ☐ 通电动作时，接下来的顺序〔2〕、〔3〕、〔4〕同时动作。

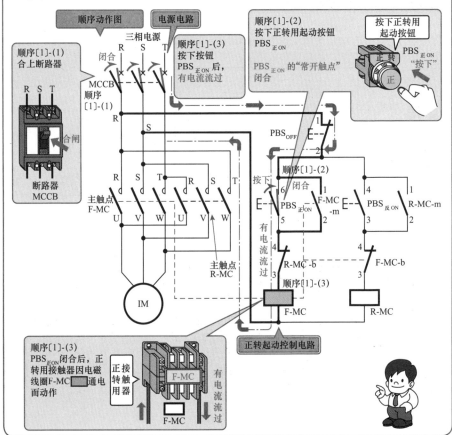

▶（1）正转用接触器 F-MC 的电磁线圈 F-MC ☐通电动作，正转用接触器的主触点 F-MC 闭合。

▶（2）主触点 F-MC 闭合后，电源加到电动机⑩上，电动机起动，开始按正转方向旋转。

〔电路构成〕

= 电动机主电路 =
MCCB ➡ 动作（闭合）（主触点 F-MC）➡ IM

说 明

● 正转用接触器的主触点 F-MC 闭合后，R 相 -U 相、S 相 -V 相、T 相 -W 相连接，电动机按正转方向旋转。

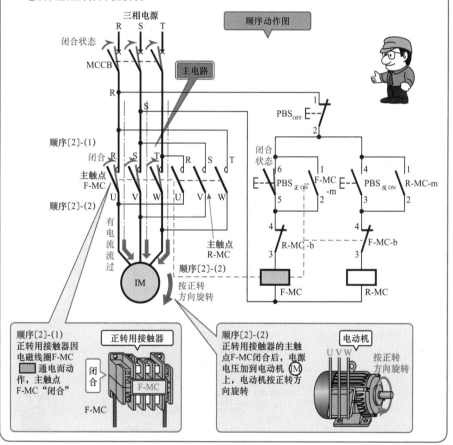

自保电路的动作　　　　　　　　　　　　　　● 顺序〔3〕

▶（1）正转用接触器 F-MC 的电磁线圈 F-MC □ 通电动作时，与正转用起动按钮 PBS_{正ON} 并联连接的正转用接触器的辅助常开触点 F-MC-m 闭合，实现电路的自保。

▶（2）将按下正转用按钮 PBS_{正ON} 的手放开，其常开触点分开。

▶（3）即使将按下正转用按钮 PBS_{正ON} 的手放开，通过辅助常开触点 F-MC-m 使电磁线圈 F-MC □ 仍有电流流过，继续保持动作的状态。

▶（4）因为电磁线圈 F-MC □ 仍有电流流过，继续保持动作的状态，所以正转用接触器的主触点 F-MC 继续保持闭合的状态，电动机 Ⓜ 继续按正转方向旋转。

〔电路构成〕　= 自保电路 =

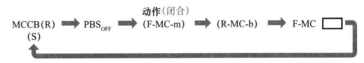

动作(闭合)

MCCB(R) ➡ PBS_{OFF} ➡ (F-MC-m) ➡ (R-MC-b) ➡ F-MC □
(S)

说 明

● 该电路是由接触器 F-MC 自己的辅助常开触点 F-MC-m 保持电磁线圈 F-MC □ 通电动作，所以称为"**自保电路**"。

小 知 识　　　　　　**牛奶自动售货机**

❖ 本机器是牛奶自动售货机。投入硬币，按下选择按钮，冰镇的瓶装牛奶就可自动送出。

❖ 牛奶瓶存放在收纳槽内，下面装有出瓶箱的隔板。驱动电动机收到将牛奶瓶推出的指令后开始旋转，与之联动的凸轮随之旋转，将牛奶瓶推送到出瓶箱。

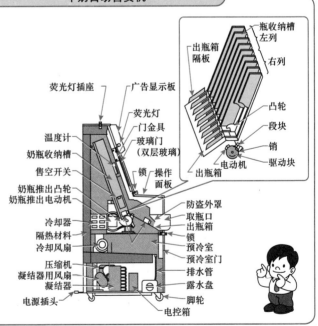

自保电路的顺序动作图

●顺序〔3〕●

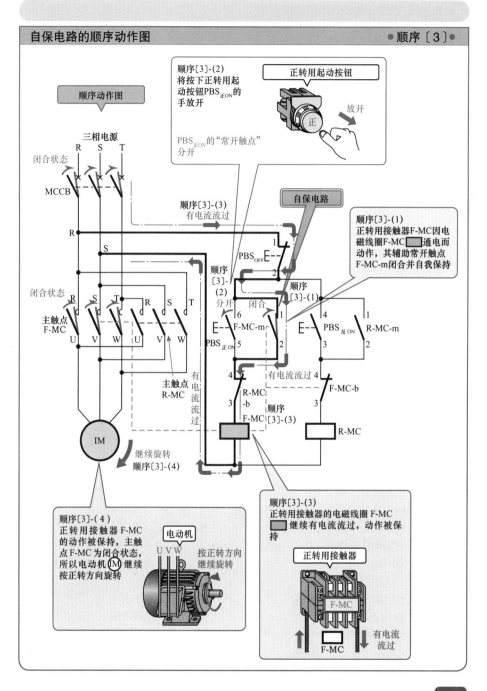

顺序〔3〕-(2)
将按下正转用起动按钮PBS$_{正ON}$的手放开

正转用起动按钮

放开

PBS$_{正ON}$的"常开触点"分开

顺序动作图

三相电源
R S T

闭合状态

MCCB

顺序〔3〕-(3)
有电流流过

自保电路

顺序〔3〕-(1)
正转用接触器F-MC因电磁线圈F-MC通电而动作，其辅助常开触点F-MC-m闭合并自我保持

R

S

PBS$_{OFF}$

顺序〔3〕-(2)
分开   闭合

顺序〔3〕-(1)

闭合状态
R S T   R S T

主触点
F-MC
U V W   U V W

主触点
R-MC

F-MC-m

PBS$_{正ON}$

PBS$_{反ON}$ R-MC-m

有电流流过

R-MC-b

F-MC-b

有电流流过

F-MC

顺序〔3〕-(3)

R-MC

IM

继续旋转
顺序〔3〕-(4)

顺序〔3〕-(3)
正转用接触器的电磁线圈 F-MC 继续有电流流过，动作被保持

顺序〔3〕-(4)
正转用接触器 F-MC 的动作被保持，主触点 F-MC 为闭合状态，所以电动机 IM 继续按正转方向旋转

电动机
U V W

按正转方向继续旋转

正转用接触器

F-MC

有电流流过

F-MC

第 11 章   顺序控制的应用实例

205

互锁电路的动作　　　　　　　　　　　　　　　　　　　　●顺序〔4〕●

▶（1）　正转用接触器 F-MC 的电磁线圈 F-MC ▧通电动作后，与反转用接触器 R-MC 的电磁线圈 R-MC ▢串联连接的正转用接触器的辅助常闭触点 F-MC-b 分开，实现互锁。

▶（2）　按下反转用起动按钮 PBS$_{反 ON}$，其常开触点闭合。

▶（3）　即使 PBS$_{反 ON}$ 闭合，因为辅助常闭触点 F-MC-b 为分开状态，所以反转用接触器 R-MC 的电磁线圈 R-MC 仍然没有电流，因而不能动作。

〔电路构成〕　= 互锁电路 =

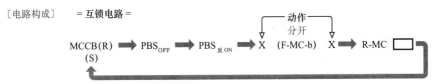

说 明

● 电动机⑩按正转方向旋转时，即使按下反转用起动按钮 PBS$_{反 ON}$，因为反转用接触器 R-MC 的电磁线圈 R-MC ▢没有电流流过，主触点 R-MC 仍处于分开状态，也就是处于互锁状态，保证了安全。

小 知 识　　　　　　　　**咖啡自动售货机**

❖咖啡自动售货机是热饮料自动售货机器。当投入硬币，按下选择按钮时，热的咖啡、可可或红茶等饮料自动地注入到纸杯，供顾客饮用。

❖本机首先由纸杯机构提供纸杯，接着打开相应的热水阀，水量为一杯的热水注入搅拌仓。同时计量电动机动作，从原料箱提供粉末状的原料。原料的量是由定时器事先设定的计量电动机的动作时间所决定。

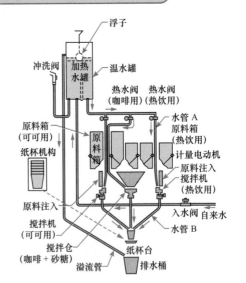

译者注：原图指向原料箱的箭头标注为汤贩卖弁（热水阀），根据图的内容，译者将其改译为原料箱（可可用）。

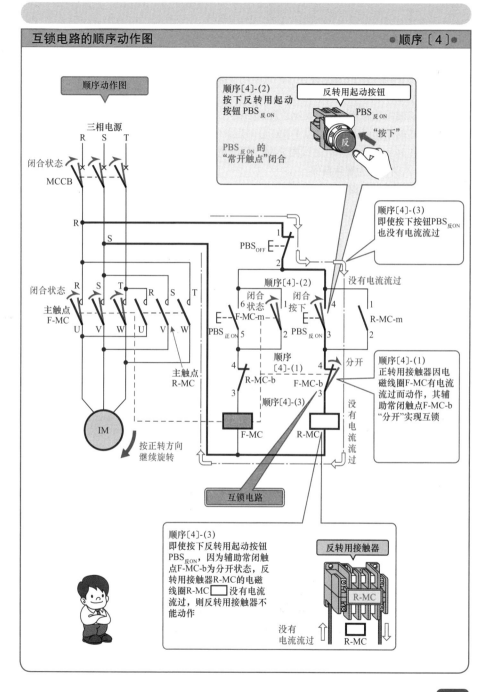

互锁电路的顺序动作图

●顺序〔4〕●

顺序动作图

三相电源
R S T

闭合状态
MCCB

闭合状态
主触点
F-MC
R S T   R S T
U V W   U V W

主触点
R-MC

IM

按正转方向
继续旋转

顺序〔4〕-(2)
按下反转用起动
按钮 PBS反ON

PBS反ON 的
"常开触点"闭合

反转用起动按钮

PBS反ON

"按下"

反

顺序〔4〕-(3)
即使按下按钮PBS反ON
也没有电流流过

没有电流流过

顺序〔4〕-(2)
闭合
状态   闭合
      按下
F-MC-m
PBS正ON 5   2 PBS反ON 3   4

R-MC-m
1
2

顺序
〔4〕-(1)

R-MC-b

F-MC-b

顺序〔4〕-(3)

F-MC

R-MC

分开

没有
电流
流过

顺序〔4〕-(1)
正转用接触器因电
磁线圈F-MC有电流
流过而动作,其辅
助常闭触点F-MC-b
"分开"实现互锁

互锁电路

顺序〔4〕-(3)
即使按下反转用起动按钮
PBS反ON,因为辅助常闭触
点F-MC-b为分开状态,反
转用接触器R-MC的电磁
线圈R-MC □ 没有电流
流过,则反转用接触器不
能动作

反转用接触器

R-MC

没有
电流流过

R-MC

第 11 章 顺序控制的应用实例   207

停止电路的动作 ● 顺序〔5〕●

▶（1）按下停止用按钮 PBS$_{OFF}$，其常闭触点分开。

▶（2）停止用按钮 PBS$_{OFF}$ 分开后，正转用接触器 F-MC 因电磁线圈 F-MC □ 断电而复位。

▶（3）正转用接触器 F-MC 复位，其主触点 F-MC 分开。

▶（4）正转用接触器的主触点 F-MC 分开后，电动机 Ⓜ 因断开电源而停止运转。

▶（5）正转用接触器的电磁线圈 F-MC □ 断电复位，其辅助常开触点 F-MC-m 分开（该动作称为**解除自保**）。

▶（6）正转用接触器的电磁线圈 F-MC □ 断电复位，其辅助常闭触点 F-MC-b 闭合，解除互锁。

〔电路构成〕

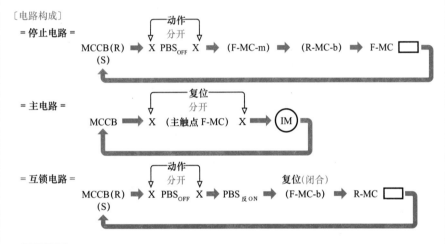

〔说明〕

● 正转用接触器 F-MC 的电磁线圈 F-MC □ 断电复位，上述的动作（3）、（5）、（6）同时完成。

至此，所有的正向运转电路返回到顺序〔1〕的初始状态。

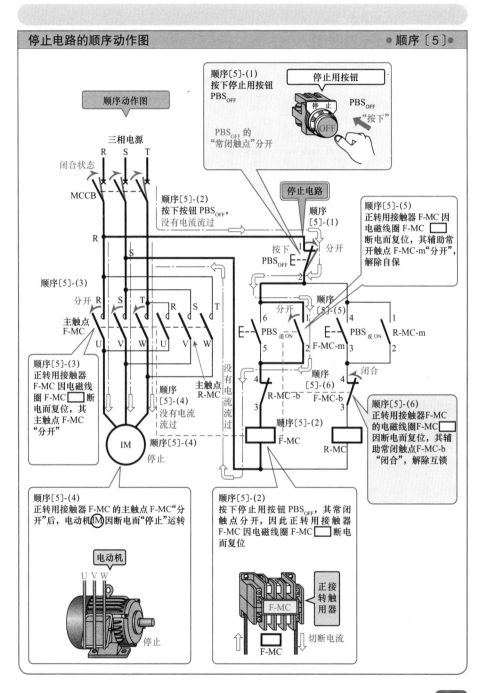

顺序动作图

三相电源
R S T

闭合状态

MCCB

顺序[5]-(1)
按下停止用按钮
PBS_OFF

停止用按钮

PBS_OFF

停止
OFF

"按下"

PBS_OFF 的
"常闭触点"分开

停止电路

顺序[5]-(2)
按下按钮 PBS_OFF,
没有电流流过

顺序
[5]-(1)

顺序[5]-(5)
正转用接触器 F-MC 因
电磁线圈 F-MC □
断电而复位,其辅助常
开触点 F-MC-m"分开",
解除自保

按下
PBS_OFF E—— 分开

顺序[5]-(3)
分开 R S T   R S T

主触点
F-MC

U V W   U V W

顺序
[5]-(5)

分开

6   4   1
E—— PBS_正ON E—— PBS_反ON R-MC-m
5   3   2
2 F-MC-m

顺序[5]-(3)
正转用接触器
F-MC 因电磁线
圈 F-MC □ 断
电而复位,其
主触点 F-MC
"分开"

主触点
R-MC

顺序
[5]-(4)
没有电流
流过

没
有
电
流
流
过

闭合
顺序
[5]-(6)
4   4
R-MC-b   F-MC-b
3   3

顺序[5]-(2)

F-MC

顺序[5]-(6)
正转用接触器 F-MC
的电磁线圈 F-MC □
因断电而复位,其辅
助常闭触点 F-MC-b
"闭合",解除互锁

IM
停止

顺序[5]-(4)
没有电流
流过

R-MC

顺序[5]-(4)
正转用接触器 F-MC 的主触点 F-MC"分
开"后,电动机(IM)因断电而"停止"运转

电动机
U V W

停止

顺序[5]-(2)
按下停止用按钮 PBS_OFF,其常闭
触点分开,因此正转用接触器
F-MC 因电磁线圈 F-MC □ 断电
而复位

F-MC

正接转用触器

切断电流

F-MC

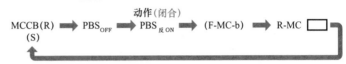

4 电动机反向运转的动作顺序

电源电路、反转起动控制电路的动作和顺序动作图 ●顺序〔1〕●

▶（1）合上断路器 MCCB（电源开关），接通电源。

▶（2）按下反转用起动按钮 PBS_{反 ON}，其常开触点闭合。

▶（3）反转用接触器 R-MC 因电磁线圈 R-MC □通电而动作。

〔电路构成〕 = 电磁线圈 R-MC □ 电路 =

$$MCCB(R) \Rightarrow PBS_{OFF} \Rightarrow PBS_{反 ON} \Rightarrow (F\text{-}MC\text{-}b) \Rightarrow R\text{-}MC \square$$
$$(S) \qquad\qquad 动作(闭合)$$

说 明

● 反转用接触器 R-MC 的电磁线圈 R-MC □通电动作后，接下来的顺序〔2〕、〔3〕、〔4〕同时动作。

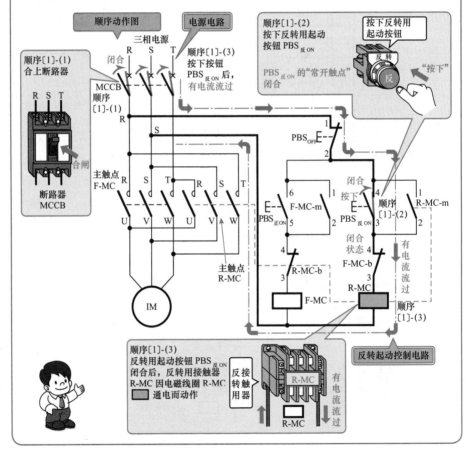

电动机主电路的动作和顺序动作图 ●顺序〔2〕●

▶（1）反转用接触器 R-MC 的电磁线圈 R-MC ▨ 通电动作，反转用接触器的主触点 R-MC 闭合。

▶（2）反转用接触器的主触点 R-MC 闭合后，电源电压加到电动机⑩上，电动机起动，按反转方向旋转。

说明

● 反转用接触器的主触点 R-MC 闭合后，R 相 -W 相、S 相 -V 相、T 相 -U 相连接，电动机按反转方向旋转。

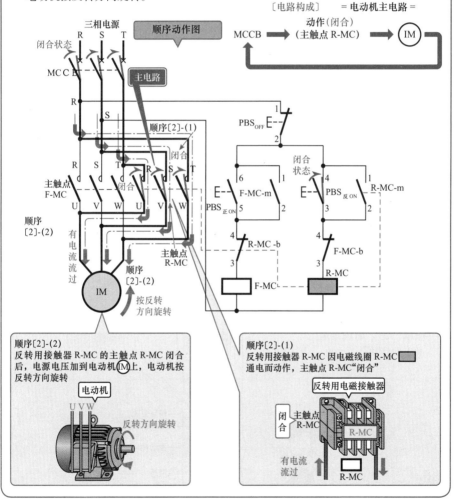

〔电路构成〕 ＝ 电动机主电路 ＝

动作(闭合)
MCCB ➡ (主触点 R-MC) ➡ (IM)

顺序[2]-(2)
反转用接触器 R-MC 的主触点 R-MC 闭合后，电源电压加到电动机⑩上，电动机按反转方向旋转

电动机

反转方向旋转

顺序[2]-(1)
反转用接触器 R-MC 因电磁线圈 R-MC ▨ 通电而动作，主触点 R-MC"闭合"

反转用电磁接触器

闭合 主触点 R-MC

R-MC

有电流流过 R-MC

自保电路的动作　　　　　　　　　　　　　　　　　●顺序〔3〕●

▶（1） 反转用接触器 R-MC 的电磁线圈 R-MC □ 通电动作时，与反转用起动按钮 PBS$_{反 ON}$ 并联连接的反转用接触器的辅助常开触点 R-MC-m 闭合，实现电路的自保。

▶（2） 将按下反转用起动按钮 PBS$_{反 ON}$ 的手放开，其常开触点分开。

▶（3） 即使将按下反转用起动按钮 PBS$_{反 ON}$ 的手放开，其常开触点分开，通过反转用接触器的辅助常开触点 R-MC-m 使电磁线圈 R-MC □ 仍有电流流过，继续保持动作的状态。

▶（4） 因为电磁线圈 R-MC □ 仍有电流流过，继续保持动作的状态，所以反转用接触器的主触点 R-MC 继续保持闭合的状态，电动机 Ⓜ 继续按反转方向旋转。

〔电路构成〕　= 自保电路 =

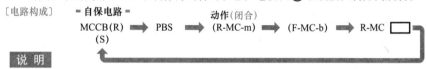

$$MCCB(R) \Rightarrow PBS \Rightarrow \underset{(R\text{-}MC\text{-}m)}{\overset{动作(闭合)}{}} \Rightarrow (F\text{-}MC\text{-}b) \Rightarrow R\text{-}MC \ \square$$

（S）

| 说 明 |

● 该电路是由接触器 R-MC 自己的辅助常开触点 R-MC-m 保持电磁线圈 R-MC □ 通电动作，所以称为"自保电路"。

小 知 识　　　　　　　　　　威士忌自动售货机

❖ 本机是当投入硬币，按下按钮后，带有包装盒的小瓶威士忌就会自动送出。

❖ 威士忌盒存放在商品架上，在其下部安装有推板式商品输送装置，推板每次推出一瓶威士忌，通过滑道进入取货口。

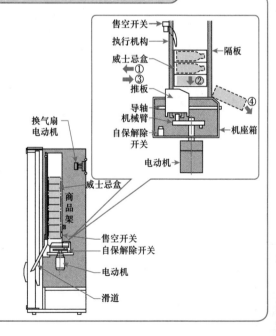

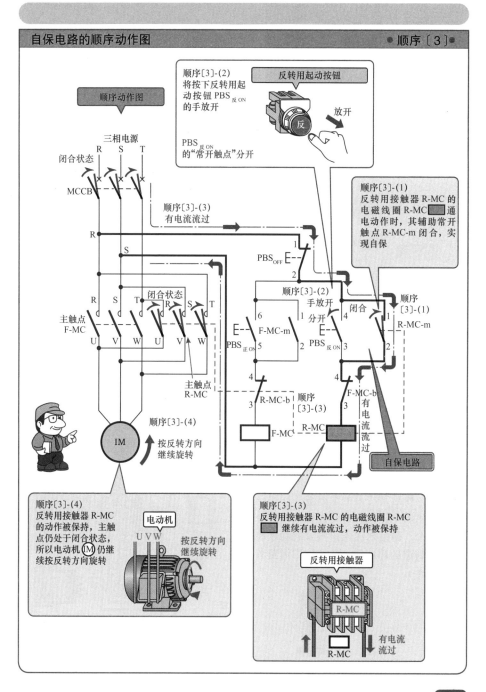

自保电路的顺序动作图

顺序动作图

三相电源
R S T

闭合状态

MCCB

顺序[3]-(2)
将按下反转用起
动按钮 PBS_反 ON
的手放开

反转用起动按钮

放开

PBS_反 ON
的"常开触点"分开

顺序[3]-(3)
有电流流过

顺序[3]-(1)
反转用接触器 R-MC 的
电磁线圈 R-MC ▆ 通
电动作时,其辅助常开
触点 R-MC-m 闭合,实
现自保

R

S

PBS_OFF   1

2

顺序[3]-(2)
手放开
分开

闭合   顺序
[3]-(1)

R S T 闭合状态 R S T

主触点
F-MC

6   F-MC-m   1   4   1   R-MC-m

5   2   3   2

U V W U V W

PBS_正 ON   PBS_反 ON

主触点
R-MC

4   4   F-MC-b

R-MC-b 顺序   3   有
3   [3]-(3)   电
流
F-MC   R-MC 流
过

自保电路

顺序[3]-(4)

IM   按反转方向
继续旋转

顺序[3]-(4)
反转用接触器 R-MC
的动作被保持,主触
点仍处于闭合状态,
所以电动机 IM 仍继
续按反转方向旋转

电动机

U V W

按反转方向
继续旋转

顺序[3]-(3)
反转用接触器 R-MC 的电磁线圈 R-MC
▆ 继续有电流流过,动作被保持

反转用接触器

R-MC

▢
R-MC

↑   ↓ 有电流
流过

互锁电路的动作
顺序〔4〕

▶（1）反转用接触器 R-MC 的电磁线圈 R-MC □ 通电动作后，与正转接触器 F-MC 的电磁线圈 F-MC □ 串联连接的反转用接触器的辅助常闭触点 R-MC-b 分开，实现互锁。

▶（2）按下正转用起动按钮 PBS正ON，其常开触点闭合。

▶（3）即使 PBS正ON 闭合，因为辅助常闭触点 R-MC-b 为分开状态，所以正转用接触器 F-MC 的电磁线圈 F-MC □ 电路仍然开路而不动作。

〔电路构成〕　＝互锁电路＝

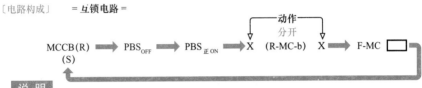

MCCB(R)　➡　PBS_OFF　➡　PBS正ON　➡　X　（R-MC-b）　X　➡　F-MC □
(S)

动作
分开

说明

● 电动机Ⓜ在反转方向旋转时，即使按下正转用按钮 PBS正ON，正转用接触器 F-MC 的电磁线圈 F-MC □ 中也不会流过电流，所以其主触点不可能闭合，这就是互锁电路的安全作用。

小 知 识　　**纸杯式碳酸清凉饮料自动售货机**

❖ 这是自动售出清凉饮料的售货机。使用时先投入硬币，再按下选择按钮，机器自动送出纸杯，注入冰镇的橙汁、葡萄汁或柠檬汁等碳酸清凉饮料。

❖ 本机器直接连接自来水管，内置的碳酸水制造装置将自来水制成碳酸水，然后与冷藏的浓缩液一同送至导出管，注入到自动提供的纸杯中混合。最后再注入由内置的制冰装置制造的碎冰块，就可以供消费者品尝了。

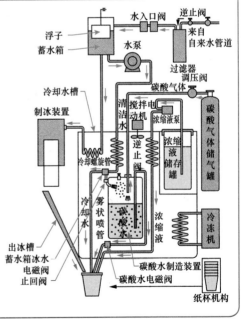

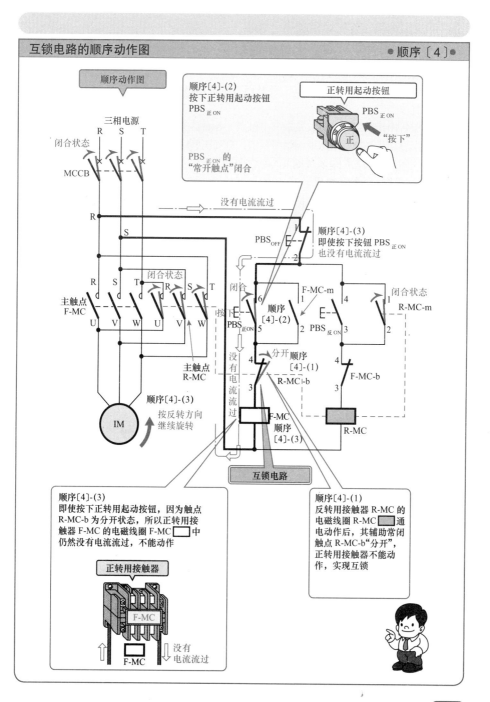

互锁电路的顺序动作图

●顺序〔4〕●

顺序动作图

三相电源
R S T

闭合状态

MCCB

没有电流流过

R

S

PBS_OFF

顺序〔4〕-(3)
即使按下按钮 PBS_正ON
也没有电流流过

闭合状态
R S T
主触点
F-MC
U V W   U V W

闭合状态
R-MC-m

闭合
F-MC-m

顺序
〔4〕-(2)
PBS_正ON

PBS_反ON

主触点
R-MC

分开 顺序
〔4〕-(1)
R-MC-b

F-MC-b

没有电流流过

IM

按反转方向
继续旋转

F-MC
顺序
〔4〕-(3)

R-MC

互锁电路

顺序〔4〕-(2)
按下正转用起动按钮
PBS_正ON

正转用起动按钮

PBS_正ON

"按下"
正

PBS_正ON 的
"常开触点"闭合

顺序〔4〕-(3)
即使按下正转用起动按钮,因为触点
R-MC-b 为分开状态,所以正转用接
触器 F-MC 的电磁线圈 F-MC □ 中
仍然没有电流流过,不能动作

正转用接触器

F-MC

F-MC

没有
电流流过

顺序〔4〕-(1)
反转用接触器 R-MC 的
电磁线圈 R-MC □ 通
电动作后,其辅助常闭
触点 R-MC-b"分开",
正转用接触器不能动
作,实现互锁

第 11 章 顺序控制的应用实例

215

停止电路的动作 ●顺序〔5〕●

▶（1）按下停止用按钮 PBS~OFF~，其常闭触点分开。

▶（2）停止用按钮 PBS~OFF~ 分开后，反转用接触器 R-MC 因电磁线圈 R-MC □断电而复位。

▶（3）反转用接触器 R-MC 复位，其主触点 R-MC 分开。

▶（4）反转用接触器主触点 R-MC 分开后，电动机 Ⓜ 因断开电源而停止运转。

▶（5）反转用接触器的电磁线圈 R-MC □断电复位，其辅助常开触点 R-MC-m 分开（该动作称为**解除自保**）。

▶（6）反转用接触器因电磁线圈 R-MC □断电复位，其辅助常闭触点 R-MC-b 闭合，解除互锁。

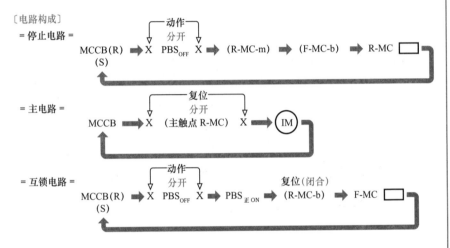

〔电路构成〕
= 停止电路 =
┌─动作─┐
分开
MCCB(R) ➡ X PBS~OFF~ X ➡ (R-MC-m) ➡ (F-MC-b) ➡ R-MC □
(S)

= 主电路 =
复位
分开
MCCB ➡ X （主触点 R-MC） X ➡ (IM)

= 互锁电路 =
动作
分开 复位(闭合)
MCCB(R) ➡ X PBS~OFF~ X ➡ PBS~正ON~ (R-MC-b) ➡ F-MC □
(S)

　说　明

● 反转用接触器的电磁线圈 R-MC □断电复位后，上述的动作（3）、（5）、（6）同时完成。

至止，电动机所有的反向运转电路返回到顺序〔1〕的初始状态。

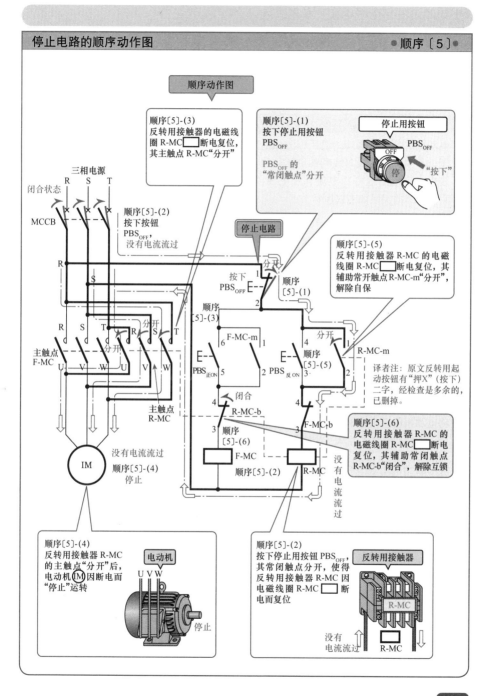

顺序动作图

顺序[5]-(3)
反转用接触器的电磁线圈 R-MC□ 断电复位，其主触点 R-MC"分开"

顺序[5]-(1)
按下停止用按钮 PBS_OFF
PBS_OFF 的 "常闭触点"分开

停止用按钮
OFF PBS_OFF
停 "按下"

三相电源
R S T
闭合状态

顺序[5]-(2)
按下按钮 PBS_OFF，没有电流流过

MCCB

停止电路

R
S

顺序[5]-(1)
按下 PBS_OFF E--

顺序[5]-(5)
反转用接触器 R-MC 的电磁线圈 R-MC□ 断电复位，其辅助常开触点 R-MC-m"分开"，解除自保

R S T R S T

主触点 F-MC
分开
U V W U V W

顺序[5]-(3)
F-MC-m
6 1
E--
PBS_正ON 5 2 PBS_反ON

4 分开 1
顺序[5]-(5) R-MC-m
E--
3 2

译者注：原文反转用起动按钮有"押X"（按下）二字，经检查是多余的，已删掉。

主触点 R-MC

4 闭合 4
R-MC-b F-MC-b
3 顺序[5]-(6) 3

顺序[5]-(6)
反转用接触器 R-MC 的电磁线圈 R-MC□ 断电复位，其辅助常闭触点 R-MC-b"闭合"，解除互锁

IM
没有电流流过

顺序[5]-(4)
停止

F-MC R-MC
顺序[5]-(2)

没有电流流过

顺序[5]-(4)
反转用接触器 R-MC 的主触点"分开"后，电动机 IM 因断电而"停止"运转

电动机
U V W
停止

顺序[5]-(2)
按下停止用按钮 PBS_OFF，其常闭触点分开，使得反转用接触器 R-MC 因电磁线圈 R-MC□ 断电而复位

反转用接触器
R-MC

R-MC
没有电流流过

第 11 章 顺序控制的应用实例

11-2 电动机的星 - 三角起动控制

1 电动机的星形联结和三角形联结

什么是电动机的星形联结

❖ 电动机的三相定子绕组 U-X、V-Y 和 W-Z 分别互差 120° 电角度，把各绕组的 X、Y、Z 端连接在一起，从各绕组的另一端 U、V、W 引出 3 根引出线，这样的接线方法称为**星形（Y）联结**。

星形联结的电压、电流关系

❖ 电动机的各绕组两端的电压称为相电压，不同绕组的线与线间的电压称为线电压，电流也有相电流和线电流，它们之间的关系如右式所示。

$$相电压 \, V_Y = \frac{线电压（电源电压）}{\sqrt{3}}$$

$$= \frac{V}{\sqrt{3}} \, 〔V〕$$

$$相电流 \, I_Y = 线电流 \, I \, 〔A〕$$

❖ 从右式可以看出加在 U、V、W 相之间的线电压等于电源电压 V〔V〕，但每一相的绕组所承受的电压为电源电压的 $1/\sqrt{3}$〔V〕，小于电源电压。

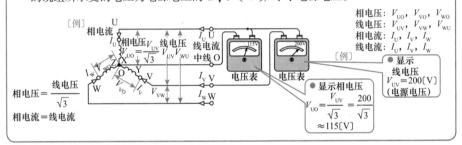

相电压：V_{UO}, V_{VO}, V_{WO}
线电压：V_{UV}, V_{VW}, V_{WU}
相电流：I_U, I_V, I_W
线电流：I_U, I_V, I_W

〔例〕

● 显示
线电压
$V_{UV} = 200$〔V〕
（电源电压）

● 显示相电压
$V_{UO} = \dfrac{V_{UV}}{\sqrt{3}} = \dfrac{200}{\sqrt{3}}$
≈ 115〔V〕

$$相电压 = \frac{线电压}{\sqrt{3}}$$
$$相电流 = 线电流$$

什么是电动机的三角形联结

❖ 将电动机的三相定子绕组 U-X、V-Y 和 W-Z 依次每一相的头与另一相的尾相连，形成一个环形联结，并从三个联结点取出引出线的联结方式称为**三角形（△）联结**。

三角形联结的电压、电流关系

❖ 电动机三角形接线时的电压、电流关系如右式所示。

❖ 从右式可以看出，加在一相绕组上的电压等于电源电压。

$$相电压 \, V_\triangle = 线电压（电源电压）$$
$$= V 〔V〕$$
$$相电流 \, I_\triangle = \frac{线电流}{\sqrt{3}} = \frac{I}{\sqrt{3}} 〔A〕$$

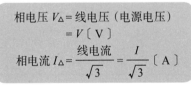

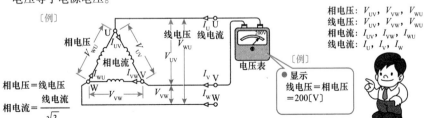

相电压：V_{UV}, V_{VW}, V_{WU}
线电压：V_{UV}, V_{VW}, V_{WU}
相电流：I_{UV}, I_{VW}, I_{WU}
线电流：I_U, I_V, I_W

〔例〕

● 显示
线电压＝相电压
$= 200$〔V〕

$$相电压 = 线电压$$
$$相电流 = \frac{线电流}{\sqrt{3}}$$

从星形联结向三角形联结切换

起动电路

星形（丫）联结

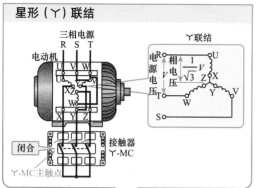

闭合

丫-MC主触点

接触器
丫-MC

● 说 明 ●

❖ 从电动机每相定子绕组头尾分别引出 2 根线，三相共计 6 根端子线。它们分别是 U、V、W 和 X、Y、Z。

❖ 电动机起动时，接触器丫-MC 的主触点闭合，定子绕组为星形（丫）联结。

❖ 因为加到电动机每一相绕组上的电压只有电源电压的 $1\sqrt{3}$〔V〕，所以减少了电动机的起动电流。

起动时间

起动用定时器

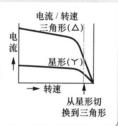

● 根据电动机的起动时间设定起动用定时器的延时时间。
● 起动用定时器动作后的顺序是，先切除丫-MC，再投入△-MC。

● 说 明 ●

❖ 从电动机开始起动，到转速达到切换转速的时间定义为起动时间。

❖ 根据起动时间设定定时器的延时时间。到达定时时间，由定时器的延时动作触点使星形联结用接触器丫-MC 分开，三角形联结用接触器△-MC 投入，电动机由星形联结切换到三角形联结。

运转电路

三角形（△）联结

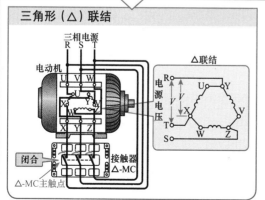

闭合

△-MC主触点

接触器
△-MC

● 说 明 ●

❖ 电动机加速完成后，接触器△-MC 的主触点闭合，电动机定子绕组变为三角形（△）联结。

❖ 电动机定子绕组变为三角形联结后，相电压与线电压相等，进入正常运转状态。

第 11 章 顺序控制的应用实例　　219

电动机的星 - 三角起动法的实际接线图〔例〕

❖ 下图为利用定时器构成的延时控制电动机星 - 三角起动法的实际接线图。

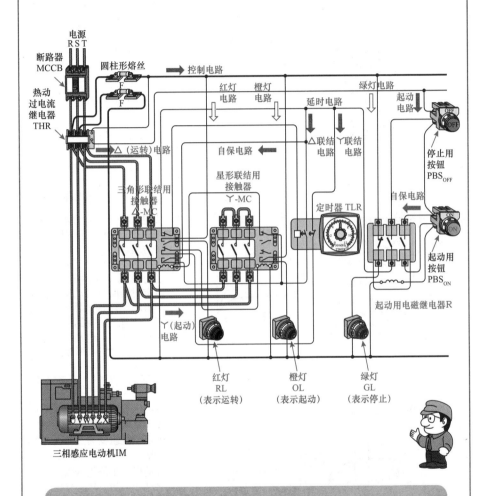

上图省略了三角形联结用接触器△-MC、星形联结用接触器
丫-MC、定时器 TLR 和起动用电磁继电器 R 等触点的文字符号，
其目的是为了清晰地表示电路的接线情况。

什么是电动机的星 - 三角起动法

❖ 电动机的**星 - 三角起动法**也可以写成Ｙ-**△起动法**，是限制电动机的起动电流**的减压起动法**之一。起动时，把电动机的定子绕组接成星形（Ｙ）联结，电动机的各相以电源电压（额定电压）的 $1/\sqrt{3}$ 电压起动加速。当起动电流减少后，立刻切换到三角形（△）联结，电源电压直接加到各相绕组，进入正常运转状态。

● 关于电动机的减压起动法，请参考 8-3 节（131 页~134 页）的详细说明。

元件和接线

❖ 电动机主电路的开闭是由接触器来完成，Ｙ-MC 是**星形（Ｙ）联结用接触器**，△ -MC 是**三角形（△）联结用接触器**。THR 是**热动过电流继电器**（参照 4-5 节 56 页）。当主电路的电流过载时，THR 动作，触点分开（需要手动复位）。起动电路中的电磁继电器 R 用于确认是否具备起动条件，并发出起动、运转命令，称为**起动用电磁继电器**。延时电路中的 TLR 是带有延时动作触点的**定时器**。

从"起动"到"运转"的动作

❖ 为了起动电动机，首先要合上作为电源开关的断路器 MCCB。再按下起动用按钮 PBS_ON，起动用电磁继电器 R 动作，电动机以星形（Ｙ）联结方式起动，同时定时器 TLR 也通电开始计时。

❖ 电动机以星形（Ｙ）联结运转一段时间，定时器经过设定的定时时间后动作，电动机从星形（Ｙ）联结切换到三角形（△）联结，进入正常运转状态。

指示灯电路的动作

❖ 在表示电动机动作状态的指示灯电路中，绿灯 GL 点亮表示电源开关（断路器）已经合闸，而起动用按钮 PBS_ON 尚未被按下，即表示电源已经投入，电动机处于"停止"状态。橙灯 OL 点亮表示电动机在以星形（Ｙ）联结运转的状态，即处在"起动"过程中。红灯 RL 点亮表示电动机正在以三角形（△）联结的方式正常运转。

③ 电动机星 - 三角起动法中电源电路的动作顺序

电源电路的动作和顺序动作图　　　　　　　　　　　　　　　● 顺序〔1〕●

▶（1）合上作为电源开关的断路器 MCCB。

▶（2）合上断路器 MCCB 后，接通电源电路，绿灯显示电路中的绿灯 GL ⊗ 通电点亮。

● 绿灯的点亮是表示虽然电动机 Ⓜ 已经"停止"，但作为电源开关的断路器 MCCB 处于合闸状态。

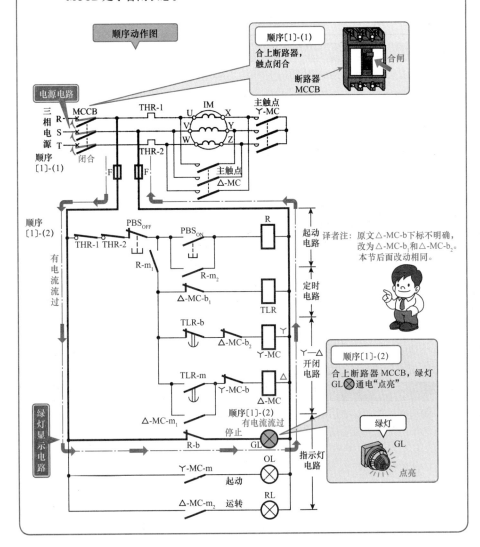

起动电路的动作和顺序动作图〔1〕 ●顺序〔2〕●

▶（1）按下起动电路的起动用按钮 PBS$_{ON}$，其常开触点闭合。

▶（2）起动用按钮 PBS$_{ON}$ 被按下，其常开触点闭合，起动用电磁继电器 R 因电磁线圈 R▢通电而动作。

● 起动用电磁继电器 R 通电动作后，接下来的动作（3）、（5）、（6）（参照下一页）同时执行。

▶（3）起动用电磁继电器 R 动作后，与起动用按钮 PBS$_{ON}$ 并联连接的起动用电磁继电器的常开触点 R-m$_2$ 闭合，实现自保。

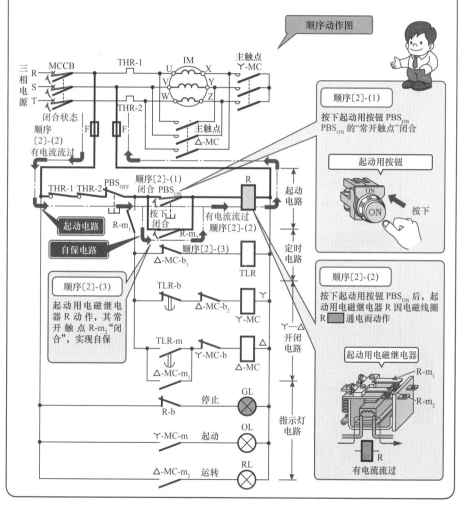

起动电路的动作和顺序动作图〔2〕　　　　　　　　　　　　　●顺序〔2〕●

▶ （4）将按下起动用按钮 PBS$_{ON}$ 的手放开，其常开触点分开。
  ● 即使按下起动用按钮 PBS$_{ON}$ 的手放开，其常开触点被分开，起动用电磁继电器 R 的电磁线圈 R □ 仍可通过自己的常开触点 R-m$_2$（在顺序〔2〕-（3）闭合）使电流继续流过，实现自保，继续保持原动作状态。
▶ （5）在绿灯显示电路中，起动用电磁继电器 R 通电动作，其常闭触点 R-b 分开。
▶ （6）在绿灯显示电路中，起动用电磁继电器 R 的常闭触点 R-b 分开后，绿灯 GL ⊗ 断电熄灭。

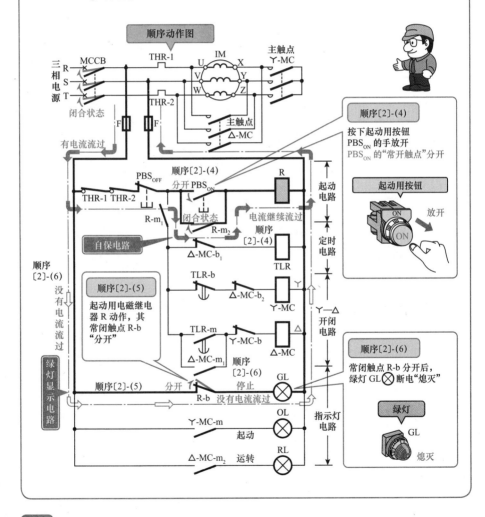

定时电路的动作和顺序动作图　　　　　　　　　　　　　●顺序〔3〕●

▶（1）起动用电磁继电器 R 动作，其常开触点 R-m₁ 闭合。

- 起动用电磁继电器 R 的常开触点 R-m₁ 闭合后，定时电路和星形联结电路有电流流过。

▶（2）起动用电磁继电器 R 的常开触点 R-m₁ 闭合后，因为三角形联结用接触器△-MC 的辅助常闭触点△-MC-b₁（接触器△-MC 没有动作）为闭合状态，所以定时器 TLR ▭ 通电开始计时。

- 定时器 TLR ▭ 即使通电，触点也不会立刻做出开闭动作，只有等到设定时间到达后，触点才开始做出开闭动作。

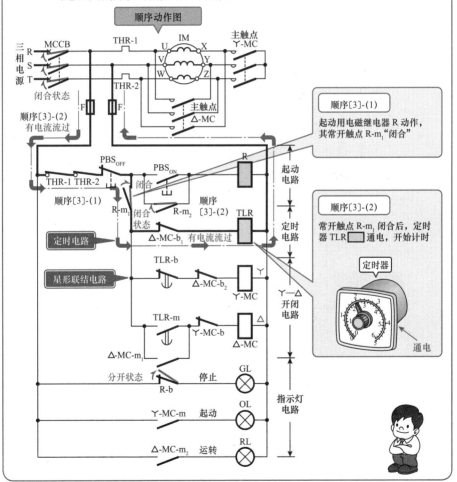

顺序动作图

星形联结电路的动作和顺序动作图〔1〕 ●顺序〔4〕●

▶（1）在星形联结电路中，顺序〔3〕-（1）的起动用电磁继电器 R 的常开触点 R-m₁ 闭合后，定时器 TLR ▢的常闭触点 TLR-b（定时器没有动作）为闭合状态。另外，三角形联结用接触器的辅助常闭触点△-MC-b₂（接触器△-MC 没有动作）也为闭合状态，所以星形联结用接触器因其电磁线圈 Y-MC ▢通电而动作。

● 星形联结用接触器 Y-MC 动作后，接下来的动作（2）、（4）、（5）（参照下一页）同时执行。

▶（2）主电路中的星形联结用接触器 Y-MC 动作，其主触点 Y-MC 闭合。

▶（3）在主电路中，主触点 Y-MC 闭合后，电动机 ⓘⓜ 连接成星形（Y）联结，电源电压加到星形联结的引出线端子（电动机的定子绕组的相电压为电源电压的 $1/\sqrt{3}$），电动机开始起动。

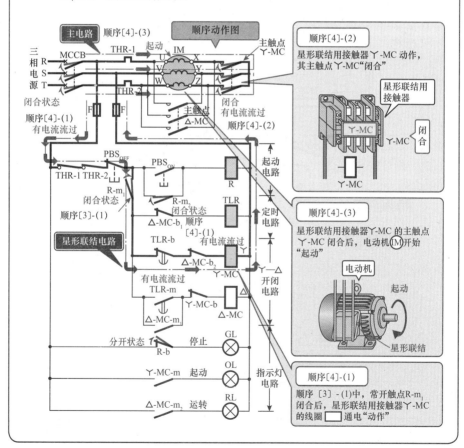

▶（4）星形联结用接触器丫-MC 动作后，三角形联结电路中的辅助常闭触点丫-MC-b
分开。

　● 星形联结用接触器的辅助常闭触点丫-MC-b 分开后，三角形联结用接触
器△-MC 的电磁线圈△-MC□不能有电流流过，三角形联结电路被互锁。

▶（5）星形联结用接触器丫-MC 动作后，橙灯显示电路中辅助常开触点丫-MC-m
闭合。

▶（6）在橙灯显示电路中，星形联结用接触器的辅助常开触点丫-MC-m 动作闭合后，
橙灯 OL ⊗ 通电点亮。

　● 橙灯的点亮表示电动机 ⑭ 处于星形联结"起动"过程中。

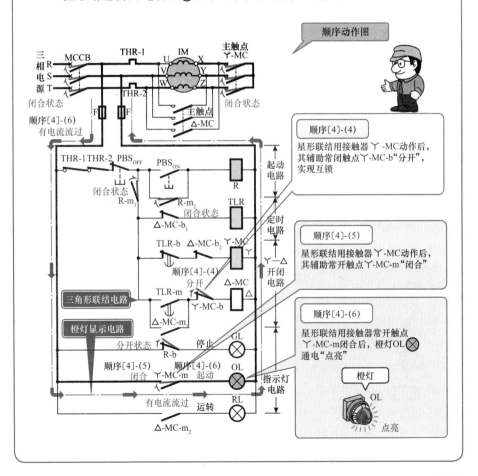

顺序动作图

顺序〔4〕-(4)
星形联结用接触器丫-MC动作后，
其辅助常闭触点丫-MC-b"分开"，
实现互锁

顺序〔4〕-(5)
星形联结用接触器丫-MC动作后，
其辅助常开触点丫-MC-m"闭合"

顺序〔4〕-(6)
星形联结用接触器常开触点
丫-MC-m闭合后，橙灯OL⊗
通电"点亮"

橙灯

OL

点亮

定时器动作电路的动作 ●顺序〔5〕●

▶（1）定时器 TLR ■通电后，经过预先设定的时间后动作。
- 定时器 TLR ■动作后，接下来的动作（2）、（3）同时执行。

▶（2）在星形联结电路中，定时器 TLR ■动作，其延时动作常闭触点 TLR-b 分开。

▶（3）在星形联结电路中，定时器 TLR ■动作，其延时动作常开触点 TLR-m 闭合。

▶（4）在星形联结电路中，定时器 TLR □ 的延时动作常闭触点 TLR-b 分开后，星形联结用接触器的电磁线圈丫-MC □断电复位。
- 星形联结用接触器丫-MC 复位后，接下来的动作（5）、（6）、（8）同时执行。

▶（5）在主电路中，星形联结用接触器丫-MC □复位，其主触点丫-MC 分开。
- 主触点丫-MC 分开后，电动机⑩的星形联结电路开路。电动机迅速切换到顺序〔6〕-（3）(参照 230 页) 所示的三角形联结电路，进入正常运转状态。

▶（6）星形联结用接触器的电磁线圈丫-MC □复位后，橙灯显示电路中的辅助常开触点丫-MC-m 分开。

▶（7）在橙灯显示电路中，星形联结用接触器的辅助常开触点丫-MC-m 分开后，橙灯 OL ⊗断电熄灭。

▶（8）在三角形联结电路中，星形联结用接触器丫-MC □复位，其辅助常闭触点丫-MC-b 复位闭合。
- 星形联结用接触器丫-MC 的辅助常闭触点丫-MC-b 闭合，表示星形联结电路对三角形联结电路的互锁被解除。

小 知 识　　　　**常用定时器的基本电路〔例〕**

❖ 常用定时器的基本延时电路有延时动作电路和间隔动作电路。

=延时动作电路＝从接收到输入信号开始计时，经过一定时间后动作的电路。

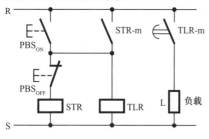

=间隔动作电路＝接收到输入信号即开始动作，该动作持续一段时间后，自动停止的电路。

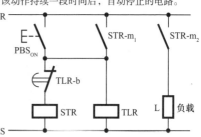

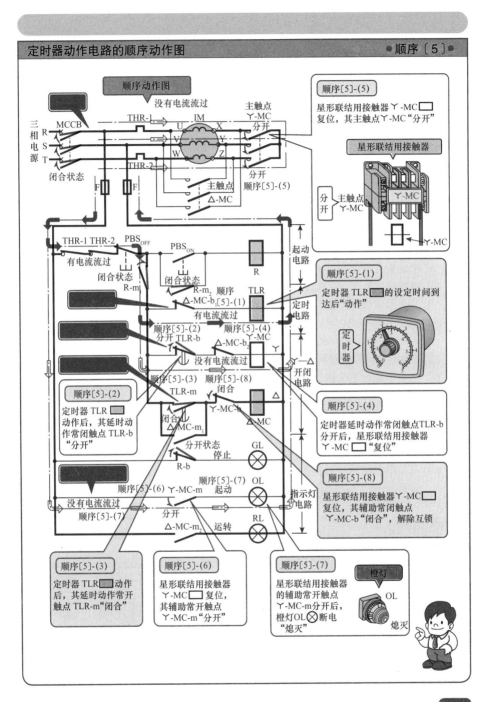

定时器动作电路的顺序动作图

●顺序〔5〕●

顺序动作图

没有电流流过

三相电源 R S T

MCCB

THR-1

THR-2

闭合状态

F F

IM
U X
V Y
W Z

主触点 丫-MC
分开

分开

主触点
△-MC

顺序[5]-(5)

顺序[5]-(5)
星形联结用接触器 丫-MC□ 复位，其主触点丫-MC"分开"

星形联结用接触器

分开 主触点 丫-MC

丫-MC

丫-MC

THR-1 THR-2
有电流流过
闭合状态

PBS_OFF

PBS_ON
闭合状态

R-m

R

R-m₂ 顺序
△-MC-b₁[5]-(1)
有电流流过

TLR

起动电路

定时电路

顺序[5]-(1)
定时器 TLR□ 的设定时间到达后"动作"

定时器

顺序[5]-(2)
分开 TLR-b

顺序[5]-(4)
△-MC-b₂丫-MC
没有电流流过

开闭电路

顺序[5]-(2)
定时器 TLR□ 动作后，其延时动作常闭触点 TLR-b "分开"

顺序[5]-(3)
TLR-m

顺序[5]-(8)
闭合
丫-MC-b
闭合

△

△-MC

顺序[5]-(4)
定时器延时动作常闭触点TLR-b分开后，星形联结用接触器 丫-MC□ "复位"

闭合
△-MC-m₁

分开状态
停止
R-b

GL

顺序[5]-(8)
星形联结用接触器 丫-MC□ 复位，其辅助常闭触点 丫-MC-b"闭合"，解除互锁

没有电流流过
顺序[5]-(7)

顺序[5]-(6) 丫-MC-m
起动

顺序[5]-(7)

分开
△-MC-m₂ 运转

OL

指示灯电路

RL

顺序[5]-(3)
定时器 TLR□ 动作后，其延时动作常开触点TLR-m"闭合"

顺序[5]-(6)
星形联结用接触器 丫-MC□ 复位，其辅助常开触点 丫-MC-m"分开"

顺序[5]-(7)
星形联结用接触器的辅助常开触点 丫-MC-m分开后，橙灯OL⊗断电"熄灭"

橙灯
OL
熄灭

第 11 章 顺序控制的应用实例

229

三角形联结电路的动作 ● 顺序〔6〕●

▶（1）在顺序〔5〕-（3）中，TLR-m 闭合，另外在顺序〔5〕-（8）中接触器Y-MC 的辅助常闭触点Y-MC-b 复位闭合，因此三角形联结用接触器△-MC 因线圈 △-MC □通电而动作。

   ● 三角形联结用接触器△-MC 动作后，接下来的动作（2）、（4）、（5）、（6）、（8）同时执行。

▶（2）在主电路中，三角形联结用接触器△-MC 动作，其主触点△-MC 闭合。

▶（3）在主电路中，主触点△-MC 闭合后，电动机M的联结方式变成三角形（△）联结，电源电压直接加到定子绕组上，电动机进入正常运转状态。

   ● 电动机的定子绕组为三角形（△）联结，进入正常的连续运转状态。

▶（4）三角形联结用接触器△-MC 动作，三角形联结电路中的辅助常开触点 △-MC-m_1 闭合。

   ● 辅助常开触点△-MC-m_1 闭合后，三角形联结用接触器的电磁线圈△-MC □继续流过电流，完成自保，使动作继续。

▶（5）三角形联结用接触器△-MC 动作后，串联在星形联结电路中的辅助常闭触点 △-MC-b_2 分开。

   ● 辅助常闭触点△-MC-b_2 分开后，星形联结用接触器的电磁线圈Y-MC □不能形成电流通路，星形联结电路被互锁。

▶（6）三角形联结用接触器△-MC 动作，红灯显示电路中的辅助常开触点△-MC-m_2 闭合。

▶（7）在红灯显示电路中，三角形联结用接触器的辅助常开触点△-MC-m_2 闭合后，红灯 RL ⊗通电点亮。

   ● 红灯 RL ⊗点亮表示电动机M以三角形（△）联结方式处于正常"运转"状态。

▶（8）三角形联结用接触器△-MC 动作后，定时电路中的辅助常闭触点△-MC-b_1 分开。

小 知 识   **星 - 三角电磁开闭器**

❖ 在构成电动机的星 - 三角起动控制电路时，需要星形联结用接触器（Y-MC）、三角形联结用接触器（△-MC）和热动过电流继电器，并需要接线。现在市场上已有把这些元件组合在一起并接好接线的专用电磁开闭器，使用起来非常方便。

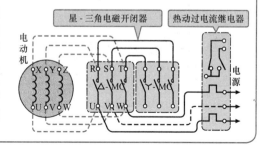

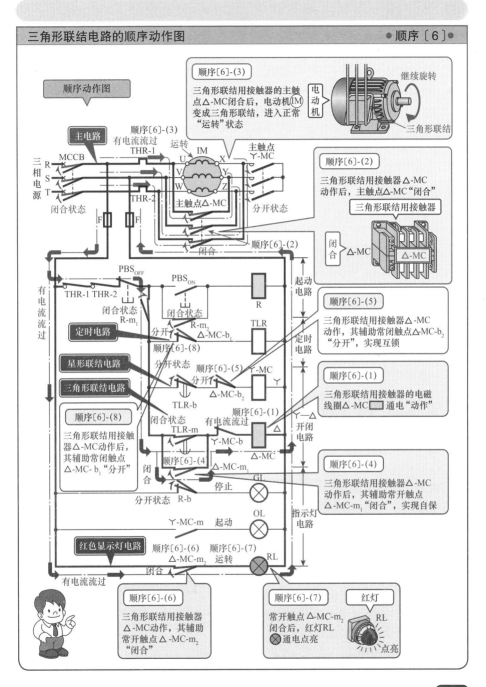

三角形联结电路的顺序动作图

顺序动作图

主电路

三相电源 R S T

顺序[6]-(3) 有电流流过
THR-1

运转
IM
U V W X Y Z
主触点△-MC

主触点 Y-MC

MCCB
闭合状态

THR-2
F F

分开状态

闭合 顺序[6]-(2)

顺序[6]-(3)
三角形联结用接触器的主触点△-MC闭合后，电动机IM变成三角形联结，进入正常"运转"状态

电动机 继续旋转
三角形联结

顺序[6]-(2)
三角形联结用接触器△-MC动作后，主触点△-MC"闭合"

三角形联结用接触器
闭合 △-MC △-MC

有电流流过

THR-1 THR-2
闭合状态

定时电路

星形联结电路

三角形联结电路

PBS_OFF
PBS_ON
闭合状态
R-m_1

R

起动电路

分开 R-m_2
△-MC-b_1

顺序[6]-(8)

TLR

TLR-b
分开状态

顺序[6]-(5)
分开 Y-MC
△-MC-b_2

Y

定时电路

顺序[6]-(8)
三角形联结用接触器△-MC动作后，其辅助常闭触点△-MC-b_1"分开"

闭合状态
TLR-m
有电流流过
Y-MC-b
顺序[6]-(4)
△-MC-m_1
闭合

顺序[6]-(1)
有电流流过 △
△-MC

开闭电路

顺序[6]-(5)
三角形联结用接触器△-MC动作，其辅助常闭触点△-MC-b_2"分开"，实现互锁

顺序[6]-(1)
三角形联结用接触器的电磁线圈△-MC ☐ 通电"动作"

停止 R-b
分开状态

GL

顺序[6]-(4)
三角形联结用接触器△-MC动作后，其辅助常开触点△-MC-m_1"闭合"，实现自保

Y-MC-m 起动

OL

红色显示灯电路

顺序[6]-(6) 顺序[6]-(7)
△-MC-m_2 运转
闭合

RL

指示灯电路

有电流流过

顺序[6]-(6)
三角形联结用接触器△-MC动作，其辅助常开触点△-MC-m_2"闭合"

顺序[6]-(7)
常开触点△-MC-m_2闭合后，红灯RL ☒ 通电点亮

红灯
RL
点亮

定时器复位电路的动作　　　　　　　　　　　　　　　　　　　　　●顺序〔7〕●

▶（1）在定时电路的顺序〔6〕-（8）中，三角形联结用接触器的辅助常闭触点 △-MC-b_1 分开后，定时器 TLR □ 断电而复位。

▶（2）在星形联结电路中，定时器 TLR □ 复位，其延时动作常闭触点 TLR-b 闭合。

- 在星形联结电路中，即使定时器 TLR □ 的延时动作常闭触点 TLR-b 闭合，因为三角形联结用接触器的辅助常闭触点 △-MC-b_2 在顺序〔6〕-（5）中已经分开，所以星形联结用接触器的电磁线圈 Y-MC □ 不能流过电流，被互锁而不能动作。

▶（3）在三角形联结电路中，定时器 TLR □ 复位，其延时动作常开触点 TLR-m 分开。

- 在三角形联结电路中，即使定时器 TLR □ 的延时动作常开触点 TLR-m 分开，在顺序〔6〕-（4）中三角形联结用接触器的辅助常开触点 △-MC-m_1 闭合，构成自保电路，所以三角形联结用接触器的电磁线圈 △-MC ▢ 通过自保触点 △-MC-m_1 流过电流，保持动作继续进行。

小 知 识　　　　　　　　　　互锁电路

❖ 在星形联结和三角形联结电路中，在 2 个接触器 Y-MC 和 △-MC 的电磁线圈 Y-MC □ 和 △-MC □ 的前面，互相接入对方的常闭触点 △-MC-b 和 Y-MC-b。这样就构成了一方动作时，另一方不能动作的禁止条件，这就是星 - 三角控制的互锁电路。

❖ 星 - 三角控制的互锁电路是为了防止电动机主电路中的主触点 Y-MC 和 △-MC 同时闭合。因为这将导致电源短路的严重事故。如果定时器 TLR □ 能够正常工作，即延时动作常闭触点 TLR-b 能够正常分开，延时动作常开触点 TLR-m 能够正常闭合，则作为禁止条件的触点 △-MC-b 和 Y-MC-b 是不需要的。但是万一定时器的触点 TLR-m 和 TLR-b 出现误动作，这时保证主触点 Y-MC 和 △-MC 不会同时闭合的互锁电路，在保障安全方面就能够起到非常重要的作用。

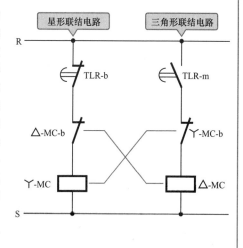

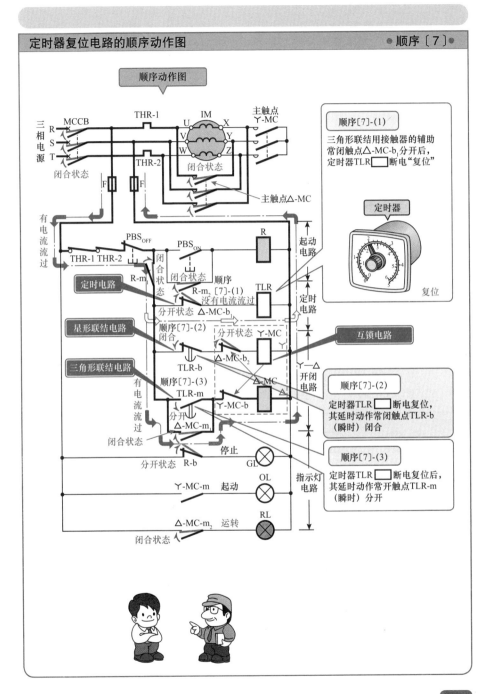

顺序动作图

三相电源
R S T
MCCB 闭合状态
THR-1
THR-2
IM
U V W X Y Z
闭合状态
主触点 Y-MC
主触点 △-MC

顺序〔7〕-(1)

三角形联结用接触器的辅助常闭触点△-MC-b₁分开后，定时器TLR□断电"复位"

定时器

复位

有电流流过
THR-1 THR-2
R-m₁ 闭合状态
PBS_OFF 闭合状态
PBS_ON
顺序〔7〕-(1)
R-m₂ 没有电流流过
分开状态 △-MC-b₁
定时电路
R
起动电路
TLR
定时电路

定时电路

星形联结电路

顺序〔7〕-(2)
闭合
分开状态 Y-MC
TLR-b △-MC-b₂

互锁电路

三角形联结电路

有电流流过
顺序〔7〕-(3)
TLR-m Y-MC-b
分开 △-MC
△-MC-m₁
闭合状态
Y-△ 开闭电路

顺序〔7〕-(2)

定时器TLR□断电复位，其延时动作常闭触点TLR-b（瞬时）闭合

停止
分开状态 R-b
GL

顺序〔7〕-(3)

定时器TLR□断电复位后，其延时动作常开触点TLR-m（瞬时）分开

Y-MC-m 起动
OL

△-MC-m₂ 运转
闭合状态
RL

指示灯电路

第11章 顺序控制的应用实例

停止电路的动作〔1〕 ● 顺序〔8〕●

▶（1）按下停止电路的停止用按钮 PBS_{OFF}，其常闭触点分开。

● 按下停止用按钮后，接下来的动作（2）和（7）（参照下一页）同时执行。

▶（2）在停止电路中，按下停止用按钮 PBS_{OFF}，起动用继电器因电磁线圈 R □ 断电而复位。

● 停止电路 - 自保电路的构成

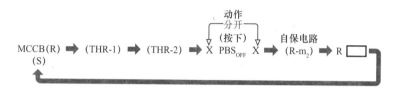

● 起动电磁继电器 R 复位后，接下来的动作（3）、（4）、（6）同时执行。

▶（3）在停止电路中，起动用电磁继电器 R 复位，与起动用按钮 PBS_{ON} 并联连接的常开触点 $R-m_2$ 分开。

● 这个动作叫作起动用电磁继电器 R 的 "**解除自保**"。

▶（4）在绿灯显示电路中，起动用电磁继电器 R 复位，其常闭触点 R-b 闭合。

▶（5）在绿灯显示电路中，起动用电磁继电器 R 复位，其常闭触点 R-b 闭合后，绿灯 GL Ⓧ 通电点亮。

▶（6）起动用电磁继电器 R 复位，其常开触点 $R-m_1$ 分开。

小 知 识　　　　什么是紧急停止电路

❖ **紧急停止电路**是在顺序控制系统的运行中，有可能突然发生异常情况。为了保护操作者的安全，也为了保护设备的安全，一般都设置能够紧急停止系统运行的电路。毫无疑问，"紧急停止"具有最高的优先级别。

❖ 右图是紧急停止电路顺序图的一个例子。这是在控制电源侧串联接入电磁继电器的常开触点，构成紧急停止电路。

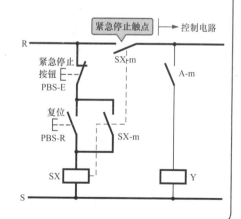

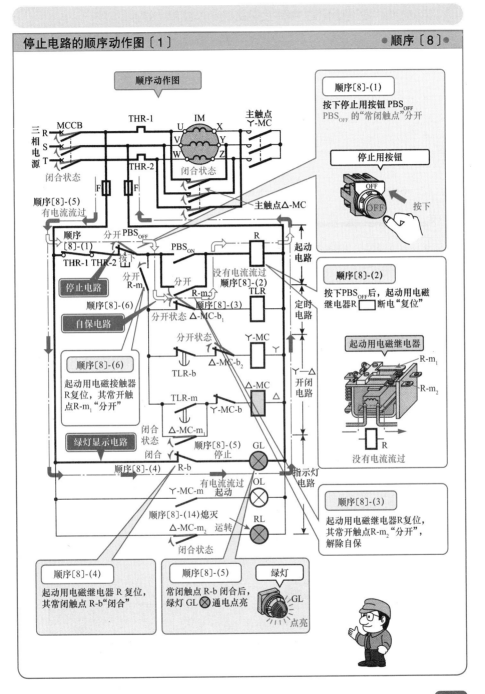

顺序动作图

三相电源 R S T

MCCB 闭合状态

THR-1

THR-2

IM U V W X Y Z 闭合状态

主触点 Y-MC

主触点 △-MC

F F

顺序[8]-(5) 有电流流过

顺序[8]-(1) 分开 PBS_OFF

THR-1 THR-2

停止电路

分开 R-m

顺序[8]-(6)

自保电路

PBS_ON

分开 R-m

分开 没有电流流过 顺序[8]-(2)

R-m 顺序[8]-(3)

分开状态 △-MC-b_1

R

TLR

起动电路

定时电路

顺序[8]-(6)

起动用电磁接触器R复位，其常开触点R-m_1"分开"

绿灯显示电路

分开状态

TLR-b

闭合状态

闭合 Y

闭合 顺序[8]-(4) R-b

△-MC-b_2

Y-MC

△-MC-m_1

顺序[8]-(5) 停止

Y-MC

TLR-m

Y-MC-b

△-MC

Y-△ 开闭电路

GL

有电流流过 起动

Y-MC-m

OL

顺序[8]-(14)熄灭

△-MC-m_2 运转

闭合状态

RL

指示灯电路

顺序[8]-(1)

按下停止用按钮 PBS_OFF

PBS_OFF 的"常闭触点"分开

停止用按钮

OFF OFF 按下

顺序[8]-(2)

按下PBS_OFF后，起动用电磁继电器R □ 断电"复位"

起动用电磁继电器

R-m_1

R-m_2

R

没有电流流过

顺序[8]-(3)

起动用电磁继电器R复位，其常开触点R-m_2"分开"，解除自保

顺序[8]-(4)

起动用电磁继电器R复位，其常闭触点R-b"闭合"

顺序[8]-(5)

常闭触点R-b闭合后，绿灯GL⊗通电点亮

绿灯

GL 点亮

第11章 顺序控制的应用实例 235

停止电路的动作〔2〕 ●顺序〔8〕●

▶（7）在顺序〔8〕-（1）（参照 234 页），按下停止用按钮 PBS$_{OFF}$ 后，三角形联结电路中的三角形联结用接触器的电磁线圈△-MC□断电复位。

● 在按下 PBS$_{OFF}$ 时，上一页的顺序〔8〕-（6）的动作还没有执行，起动用电磁继电器 R 的常开触点 R-m$_1$ 还是处于闭合状态。

● 停止电路 - 三角形联结电路的构成

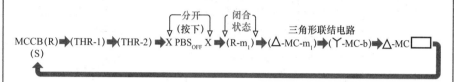

> 分开┐（按下）┐ 闭合┐状态┐ 三角形联结电路
> MCCB(R)➡(THR-1)➡(THR-2)➡X PBS$_{OFF}$ X➡(R-m$_1$)➡(△-MC-m$_1$)➡(Y-MC-b)➡△-MC□
> (S)

● 三角形联结用接触器△-MC 复位后，接下来的动作（8）～（14）同时执行。

▶（8）在主电路中，三角形联结用接触器△-MC 复位，其主触点△-MC 分开。

▶（9）在主电路中，三角形联结用接触器的主触点△-MC 分开后，电动机Ⓜ断开电源停止运转。

▶（10）在三角形联结电路中，三角形联结用接触器△-MC 复位，与定时器 TLR □的延时动作常开触点 TLR-m 并联连接的辅助常开触点△-MC-m$_1$ 分开。

● 把该动作称为三角形联结用电磁接触器△-MC 的 **"解除自保"**。

▶（11）在定时电路中，三角形联结用接触器△-MC 复位，其辅助常闭触点△-MC-b$_1$ 闭合。

▶（12）在星形联结电路中，三角形联结用接触器△-MC 复位，其辅助常闭触点△-MC-b$_2$ 闭合，解除互锁。

▶（13）在红灯显示电路中，三角形联结用接触器△-MC 复位，其辅助常开触点△-MC-m$_2$ 分开。

▶（14）在红灯显示电路中，三角形联结用接触器△-MC 复位，其辅助常开触点△-MC-m$_2$ 分开，红灯 RL⊗断电熄灭。

> 至此，所有的电路返回到顺序〔1〕的初始状态。

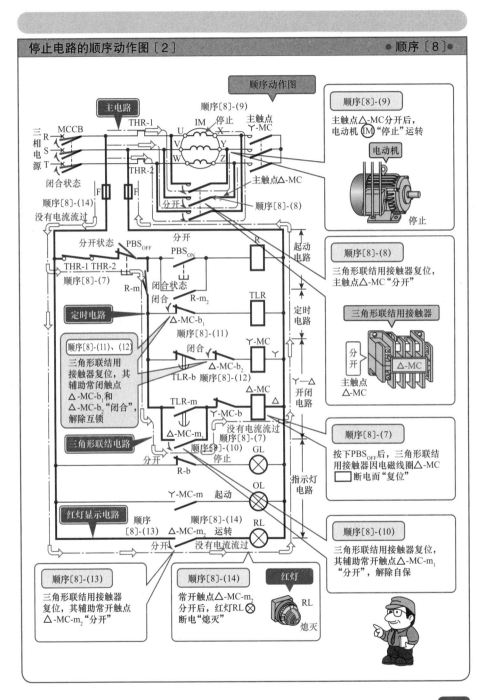

顺序动作图

顺序〔8〕-(9)
主触点△-MC分开后，电动机 ⑽ "停止" 运转

电动机

停止

顺序〔8〕-(8)
三角形联结用接触器复位，主触点△-MC "分开"

三角形联结用接触器

分开

△-MC

主触点△-MC

顺序〔8〕-(7)
按下PBS_OFF后，三角形联结用接触器因电磁线圈△-MC □ 断电而 "复位"

顺序〔8〕-(10)
三角形联结用接触器复位，其辅助常开触点△-MC-m₁ "分开"，解除自保

顺序〔8〕-(13)
三角形联结用接触器复位，其辅助常开触点△-MC-m₂ "分开"

顺序〔8〕-(14)
常开触点△-MC-m₂ 分开后，红灯RL ⊗ 断电 "熄灭"

红灯

RL

熄灭

主电路

三相电源 R S T

MCCB 闭合状态

THR-1 THR-2

IM 停止

主触点 Y-MC

主触点△-MC

分开

F F

顺序〔8〕-(14) 没有电流流过

分开状态 PBS_OFF

分开 PBS_ON

起动电路

THR-1 THR-2

顺序〔8〕-(7)

R-m

闭合状态

定时电路

闭合 R-m₂

△-MC-b₁

顺序〔8〕-(11)

TLR

定时电路

顺序〔8〕-(11)、(12)
三角形联结用接触器复位，其辅助常闭触点△-MC-b₁ 和△-MC-b₂ "闭合"，解除互锁

闭合 Y-MC

△-MC-b₂

TLR-b 顺序〔8〕-(12)

△-MC

TLR-m

Y-MC-b

△

Y—△ 开闭电路

三角形联结电路

△-MC-m₁

没有电流流过 顺序〔8〕-(7)

分开 顺序〔8〕-(10)

停止 GL ⊗

R-b

Y-MC-m 起动 OL ⊗

红灯显示电路

顺序〔8〕-(13)

顺序〔8〕-(14) △-MC-m₂ 运转 RL ⊗

分开 没有电流流过

指示灯电路

1 基本元件序号和元件名称（JEM1090）

基本元件序号	元件名称	说明
1	主控电路控制器或开关	控制主要机器起动、停止的元件
2	起动或闭路延时继电器	实现起动或闭路前时间裕量的继电器
3	操作开关	用于操作机器的开关
4	主控制电路用控制器或继电器	对主控制电路实施开闭操作的元件
5	停止开关或继电器	使机器停止的元件
6	起动断路器、开关、接触器或继电器	连接在机械的起动电路中的元件
7	调整开关	用于调整机器的开关
8	控制电源开关	用于控制电源开闭的开关
9	磁场变极性开关、接触器或继电器	改变励磁电流方向的元件
10	顺序开关或程序控制器	指定机器起动顺序或停止顺序的元件
11	试验开关或继电器	用于测试机器动作的元件
12	超速开关或继电器	因超速而动作的元件
13	同步速度开关或继电器	因达到同步速度或接近同步速度而动作的元件
14	低速开关或继电器	因速度过低而动作的元件
15	速度调整装置	调整旋转机器速度的装置
16	领示线监视继电器（译者注：领示线是电气铁路有线通信的一种抗干扰措施。）	用于监视领示线故障的继电器
17	领示线继电器	用于带有辅助导线的纵联保护装置（领示线）的继电器
18	加速或减速接触器，或者加速或减速继电器	当加速过程或减速过程达到预定值时，使运动过程进入到下一阶段的元件
19	起动 / 运行切换接触器或继电器	将机器由起动状态切换到运行状态的元件
20	辅机阀	辅机用的主要阀门
21	主机阀	主机用的主要阀门
22	漏电断路器、接触器或继电器	发生漏电时动作或者可同时切断交流电路的元件
23	温度调整装置或继电器	保持温度在一定范围的元件
24	抽头切换装置	用于切换电气机器抽头的装置
25	同步检测装置	检测交流电路同步的装置
26	静止型设备的温度开关或继电器	因变压器、整流器等静止型设备的温度达到预定值以上或以下而动作的元件

基本元件序号	元件名称	说明
27	交流欠电压继电器	交流电压不足时动作的继电器
28	警报装置	出现警报时动作的装置
29	灭火装置	以灭火为目的的装置
30	显示机器状态或故障的装置	显示机器动作状态或故障情况的装置
31	改变磁场的断路器、开关、接触器或继电器	改变磁场电路或者改变磁场强度的元件
32	直流逆流继电器	直流电流出现逆向流动时动作的继电器
33	位置检测开关或装置	开闭动作与位置相关的元件
34	电动顺序控制器	对于起动或停止动作中的主要装置，用来指定其动作顺序的元件
35	电刷操作装置或弹簧解除装置	使电刷升降或移动的装置或者解除弹簧作用的装置
36	极性继电器	根据极性不同而动作的继电器
37	欠电流继电器	发生电流不足时动作的继电器
38	轴承温度开关或继电器	当轴承温度达到预定值以上或预定值以下时动作的开关或继电器
39	机械异常的监视装置或检测开关	监视或检测机械异常状态的元件
40	励磁电流继电器或磁场失磁继电器	因励磁电流有无而动作的继电器或检测磁场失磁的继电器
41	磁场断路器、开关或接触器	给予机器励磁或者去除励磁的元件
42	运行断路器、开关或接触器	用来将机械与运行电路连接的元件
43	控制电路切换开关、接触器或继电器	如同把自动操作切换到手动操作那样，用于切换控制电路的元件
44	距离继电器	因短路或对地短路的故障点的距离而动作的继电器
45	直流过电压继电器	因直流过电压而动作的继电器
46	反相或相电流不平衡的继电器	因反相或相电流不平衡而动作的继电器
47	欠相或反相电压继电器	因欠相或出现反相电压时动作的继电器
48	动作缺失继电器	在预定的时间内，因规定的动作没有被执行而动作的继电器
49	旋转机器的温度开关、继电器或过负荷继电器	因旋转机器的温度达到预定值以上或以下而动作的元件，或者，当机器过负荷时引发动作的元件
50	短路选择或对地短路选择继电器	选择短路或选择对地短路的继电器

附录　控制元件序号的基本元件序号和辅助符号

基 本 元件序号	元 件 名 称	说 明
51	交流过电流继电器或对地过电流继电器	因交流过电流或者对地电流过大而动作的继电器
52	交流断路器或接触器	切断交流电路或开闭交流电路的元件
53	励磁继电器或励弧继电器	因励磁或励弧的预定状态而动作的继电器
54	高速断路器	高速切断直流电路的断路器
55	自动功率因数调节器或功率因数继电器	在某个范围内调节功率因数或使功率因数保持在预定值的元件
56	转差率检测器或失步继电器	因转差率达到预定值而动作的元件或者因为偏离同步速度而动作的元件
57	自动电流调整器或电流继电器	使电流工作在某个范围的调整装置或因电流达到预定值而动作的继电器
58	（备用）	——
59	交流过电压继电器	因交流电压过高而动作的继电器
60	自动电压平衡调整器或电压平衡继电器	使2个支路的电压差保持在某个范围的装置或因电压差达到预定值而动作的继电器
61	自动电流平衡调整器或电流平衡继电器	使2个支路的电流差保持在某个范围的装置或因电流差达到预定值而动作的继电器
62	停止或开路延时继电器	实现停止或开路前时间裕量的继电器
63	压力开关或继电器	因达到预定压力而动作的元件
64	接地过电压继电器	因接地电压过高而动作的继电器
65	调速装置	调整原动机速度的装置
66	断续继电器	在预定的周期内使触点反复开闭的继电器
67	交流功率方向继电器或接地方向继电器	因交流电路功率方向或接地方向而动作的继电器
68	混入检测器	用于检测流体中混入其他物质的检测装置
69	流量开关或继电器	因流体流量达到预定值而动作的元件
70	可变电阻器	可以改变电阻值的电阻器
71	整流元件故障检测装置	用于检测整流器中元件故障的装置
72	直流断路器或接触器	切断直流电路或开闭直流电路的元件
73	短路用断路器或接触器	把限制电流电阻、防止振动电阻等电阻器短接的元件
74	调整阀	调整流体流量的阀门

基 本 元件序号	元 件 名 称	说 明
75	制动装置	用于机械制动的装置
76	直流过电流继电器	因直流过电流而动作的继电器
77	负载调整装置	用于调整负载工作值的装置
78	调制保护相位比较继电器	利用调制波比较被保护区间内各个端子间电流相位差的继电器
79	交流再闭路继电器	控制交流电路再次闭路的继电器
80	直流欠电压继电器	因直流电压不足而动作的继电器
81	调速机驱动装置	用于驱动调速机器的装置
82	直流再闭路继电器	控制直流电路再次闭路的继电器
83	选择开关、接触器或继电器	用于选择某一路电源或者用于选择装置某种工作状态的元件
84	电压继电器	用于直流电路或交流电路中,因达到预定电压而动作的继电器
85	信号继电器	用于发送信号或接收信号的继电器
86	锁定继电器	出现异常情况时,用于阻止装置响应动作的继电器
87	差动继电器	因短路或接地导致差电流而动作的继电器
88	辅机用断路器、开关、接触器或继电器	辅机运行用的断路器、开关、接触器或继电器
89	断路器或负载开闭器	用于直流电路或交流电路的断路器或负载开关
90	自动电压调整器或自动电压调整继电器	调整电压值使之在工作预定范围内的元件
91	自动电功率调整器或电功率继电器	在某个范围内调整电功率的装置或者因电功率达到预定值而动作的继电器
92	门或风洞门	出入口的门或风洞的门
93	(备用)	——
94	脱扣自由接触器或继电器	即使在合闸操作过程中,脱扣装置也能够自由动作的元件
95	自动频率调整器或频率继电器	在某个范围内调整频率的装置或者因频率达到预定值而动作的继电器
96	静止器内部故障检测装置	检测静止型机器内部故障的装置
97	转子	卡普兰式(转桨式)水轮机的转子
98	连接装置	连接2台装置并可传递动力的元件
99	自动记录装置	自动示波器、自动动作记录仪、自动故障记录仪、故障点标定器等装置

② 基本元件序号和辅助符号的构成

由基本元件序号和辅助符号构成的情况

❖ 只用一个基本元件序号无法表示机器的用途时，附加可以与之组合的基本元件序号。如果没有适用的基本元件序号，可以再附加一个辅助符号。这时基本元件序号和辅助符号之间不用横线（-）。

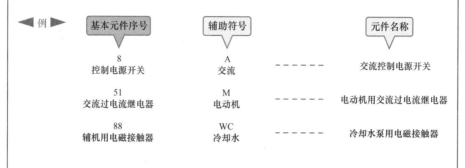

◀例▶

基本元件序号	辅助符号		元件名称
8 控制电源开关	A 交流	- - - - -	交流控制电源开关
51 交流过电流继电器	M 电动机	- - - - -	电动机用交流过电流继电器
88 辅机用电磁接触器	WC 冷却水	- - - - -	冷却水泵用电磁接触器

由基本元件序号和辅助符号、辅助符号构成的情况

❖ 除了基本元件序号之外，在需要使用 2 种以上辅助符号的时候，原则上按照如下顺序附加辅助符号。

(1) 在一般基本元件序号之后附加辅助符号的顺序

◀例▶

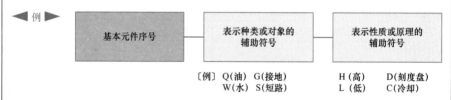

基本元件序号	表示种类或对象的 辅助符号	表示性质或原理的 辅助符号

〔例〕 Q(油)　G(接地)　　　H (高)　D(刻度盘)
　　　 W(水)　S(短路)　　　L (低)　C(冷却)

(2) 在保护继电器相关的基本元件序号之后附加辅助符号的顺序

◀例▶

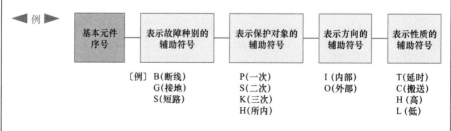

基本元件 序号	表示故障种别的 辅助符号	表示保护对象的 辅助符号	表示方向的 辅助符号	表示性质的 辅助符号

〔例〕 B(断线)　　 P(一次)　　 I (内部)　　 T(延时)
　　　 G(接地)　　 S(二次)　　 O(外部)　　 C(搬送)
　　　 S(短路)　　 K(三次)　　　　　　　 H (高)
　　　　　　　　 H(所内)　　　　　　　 L (低)

由基本元件序号和辅助符号、辅助符号构成的情况〔例〕

◀例▶

基本元件序号	辅助符号	辅助符号	元件名称
88 辅机用接触器	A 空气压缩机	B 制动	……… 制动用空气压缩机用接触器
52 交流断路器	N 中性	R 电阻	……… 中性点电阻器用交流断路器
20 辅机阀	W 水	C 冷却	……… 冷却水阀
51 交流过电流继电器	H 所内	P 一次	……… 所内变压器一次用交流过电流 继电器

辅助序号的用法

❖ 在一个装置内使用 2 个以上相同的元件时，可以增加 1、2、3、4 等辅助序号。

◀例▶

基本元件序号	辅助符号	辅助序号	（说　明）
27 交流欠电压继电器	X 辅助	1	……… 用基本元件序号27表示交流欠电压 继电器，用辅助序号1表示2台辅助 继电器中的第1台。
27 交流欠电压继电器	X 辅助	2	……… 用基本元件序号27表示交流欠电压 继电器，用辅助序号2表示2台辅助 继电器中的第2台。

顺序图〔例〕

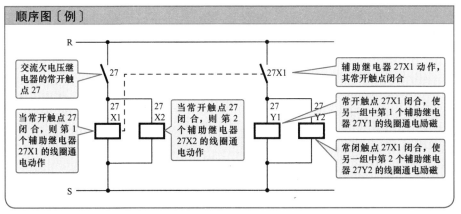

交流欠电压继电器的常开触点 27

当常开触点 27 闭合，则第 1 个辅助继电器 27X1 的线圈通电动作

当常开触点 27 闭合，则第 2 个辅助继电器 27X2 的线圈通电动作

辅助继电器 27X1 动作，其常开触点闭合

常开触点 27X1 闭合，使另一组中第 1 个辅助继电器 27Y1 的线圈通电励磁

常闭触点 27X1 闭合，使另一组中第 2 个辅助继电器 27Y2 的线圈通电励磁